高等职业教育 CAD/CAM/CAE 系列教材

CATIA V5 基础教程

第 2 版

主编　丁仁亮

参编　李雅娜　石　磊　王玥琦

机械工业出版社

本书根据编者多年进行 CATIA V5 高校教学和企业培训的讲义编写而成，采用项目和任务式的结构形式，通过 6 个项目着重讲解了 CATIA V5 的基础知识、草图的设计与应用、零件的设计与应用、线架与曲面的设计与应用、装配的设计与应用和工程图的设计与应用等知识和操作技能。

本书适合作为高等学校和职业技术学校相关专业的教材，以及 CATIA V5 企业用户培训用书。作为一本优秀的自学参考书，本书对 CATIA V5 高级用户同样具有极大的参考价值。

本书配有电子课件及习题，凡使用本书作为教材的教师可登录机械工业出版社教育服务网 www.cmpedu.com 注册后免费下载。咨询电话：010-88379375。

图书在版编目（CIP）数据

CATIA V5 基础教程/丁仁亮主编. —2 版. —北京：机械工业出版社，2021.1（2024.2 重印）
高等职业教育 CAD/CAM/CAE 系列教材
ISBN 978-7-111-67099-5

Ⅰ.①C… Ⅱ.①丁… Ⅲ.①机械设计-计算机辅助设计-应用软件-高等职业教育-教材 Ⅳ.①TH122

中国版本图书馆 CIP 数据核字（2020）第 256256 号

机械工业出版社（北京市百万庄大街 22 号 邮政编码 100037）
策划编辑：薛 礼 责任编辑：薛 礼 刘良超 戴 琳
责任校对：张晓蓉 封面设计：张 静
责任印制：单爱军
北京虎彩文化传播有限公司印刷
2024 年 2 月第 2 版第 4 次印刷
184mm×260mm · 20 印张 · 495 千字
标准书号：ISBN 978-7-111-67099-5
定价：56.00 元

电话服务 网络服务
客服电话：010-88361066 机 工 官 网：www.cmpbook.com
　　　　　010-88379833 机 工 官 博：weibo.com/cmp1952
　　　　　010-68326294 金 书 网：www.golden-book.com
封底无防伪标均为盗版 机工教育服务网：www.cmpedu.com

第2版前言

党的二十大提出，必须坚持科技是第一生产力、人才是第一资源、创新是第一动力，深入实施科教兴国战略、人才强国战略、创新驱动发展战略，开辟发展新领域新赛道，不断塑造发展新动能新优势。为了贯彻二十大新思想、新理念，编者结合技术发展和多年的 CATIA 教学实践经验，对《CATIA V5 基础教程》进行了修订，以适应新形势发展的需要。

本书第 1 版自发行以来，为很多本科院校和高职院校所选用，受到了广泛的好评，各院校在使用过程中对本书也提出了很好的修改意见和建议。本次修订就是应广大读者和使用院校提出的意见和建议，结合当前教学发展的需要而做出的。本次修订将内容调整为项目和任务式的结构形式，这样更便于课堂教学，也便于读者结合生产实践案例进行模块化自主学习。鉴于 CATIA V5 软件的更新，本次修订纳入了 V5R21 版本的新功能，便于读者掌握和应用。

本书由丁仁亮担任主编并负责统稿。编写分工如下：项目 1 由丁仁亮编写，项目 4 和项目 5 由李雅娜编写，项目 2 和项目 6 由石磊编写，项目 3 由王玥琦编写。

由于编者的水平有限，欢迎广大读者在使用过程中对本书的错误和欠妥之处提出批评和建议。

编　者

第1版前言

CATIA V5 是一种广泛应用于航空航天、汽车、造船和其他工业的设计、制造和工程分析的一体化软件，是目前居领导地位的 CAD/CAM/CAE（计算机辅助设计/计算机辅助制造/计算机辅助工程）软件，其强大的零件设计和曲面造型功能，可以完成复杂的产品外形和零件的设计及制造工作，为现代计算机辅助设计、制造和分析提供了一个良好的工作平台。

本书是编者根据在沈阳飞机工业集团公司多年进行 CATIA V5 培训的讲义编写的，以工程实际应用为出发点，着重介绍如何运用 CATIA V5 来解决工程中的实际问题。本书根据 CATIA V5 的初学者的学习特点，由浅入深地介绍 CATIA V5 在机械制造行业中的应用，同时也介绍了该软件的操作方法及其规律和技巧。读者通过学习本书，可以掌握 CATIA V5 软件的基本操作方法和运用该软件进行工程设计的技能，同时也能掌握运用 CAD/CAM 软件从事工程设计、制造和装配的基本技能和技巧，为掌握现代设计和制造方法打下良好的基础。

本书分为 6 章，各部分主要内容介绍如下：

第 1 章　CATIA V5 概述　介绍 CATIA V5 软件的主要功能、用户界面、基本操作方法和技巧等知识。

第 2 章　草图设计　介绍草图设计工作台、建立和编辑草图轮廓、约束草图的概念和方法等。

第 3 章　零件设计　介绍零件设计工作台的功能、各种特征的建立和编辑修改方法、实体间的布尔操作等。

第 4 章　线架与曲面设计　介绍线架与曲面设计工作台的功能、建立和编辑修改各种曲面的方法及如何用曲面生成实体特征。

第 5 章　装配设计基础　介绍产品的概念、部件的移动、建立装配约束、装配分析等。

第 6 章　工程图设计　介绍用三维模型生成工程图的方法、交互绘制工程图的方法、尺寸的自动生成和手动标注、工程图中的注释和公差、标准的制定等。

本书所附的光盘中收录了编者的授课电子课件和部分习题，可以用作培训和自学。

考虑当前 CATIA V5 软件应用的情况，本书的介绍内容以 V5 R14 为主。

由于编者的水平有限，殷切希望广大读者在使用过程中对本书的错误和欠妥之处提出批评和建议。

编　者

目 录

项目 ①

了解CATIA V5

CATIA V5 是 Dassault System 和 IBM 长期以来在为数字化企业服务过程中不断探索的结晶。围绕数字化产品和电子商务集成概念进行系统结构设计的 CATIA V5 版本，可为数字化企业建立一个针对产品整个开发过程的工作环境。在这个环境中，可以对产品开发过程的各个方面进行仿真，并能够实现工程人员和非工程人员之间的电子通信。产品整个开发过程包括概念设计、详细设计、工程分析、产品定义和制造，乃至成品在整个生命周期中的使用和维护。CATIA V5 版本具有以下应用特点：

1）重新构造的新一代体系结构。为确保 CATIA 产品系列的发展，CATIA V5 新的体系结构突破传统的设计技术，采用了新一代的技术和标准，可快速适应企业的业务发展需求，使客户的产品设计和制造具有更大的竞争优势。

2）支持不同应用层次的可扩充性。CATIA V5 可对开发过程、功能和硬件平台进行灵活的搭配组合，可为产品开发链中的每个专业成员配置最合理的解决方案。允许任意配置的解决方案可满足从小型供货商到大型跨国公司的需要。

3）与 Windows 和 UNIX 硬件平台的独立性。CATIA V5 是在 Windows 平台和 UNIX 平台上开发完成的，并在所有支持的硬件平台上具有统一的数据、功能、版本发放日期、操作环境和应用支持。CATIA V5 在 Windows 平台的应用可使设计师更加简便地同办公应用系统共享数据；而其 UNIX 平台上 Windows 风格的用户界面，可使用户高效地处理复杂的工作。

4）专用知识的捕捉和重复使用。CATIA V5 结合了显式知识规则的优点，可在设计过程中交互式捕捉设计意图，定义产品的性能和变化。隐式的经验知识变成了显式的专用知识，这一特点提高了设计的自动化程度，降低了设计错误的风险。

5）为现有客户平稳升级。CATIA V4 和 V5 版本具有兼容性，两个版本可并行使用。对于现有的 CATIA V4 用户，CATIA V5 能引领他们走向全新的 Windows 应用平台。对于新的 CATIA V5 客户，可充分利用 CATIA V4 的成熟应用产品，组成一个完整的产品开发环境。

CATIA V5 可用于不同的行业，并具有适用于这些行业的应用特点。CATIA V5 在以下行业中得到了越来越广泛的应用：

1）航空航天。CATIA 源于航空航天工业。CATIA 以其精确、安全和高可靠性满足了航空航天领域各种应用的需要。在航空航天工业项目中，CATIA 被众多飞机制造公司应用于开发虚拟的原型机，其中包括 Boeing（波音）公司（美国）、Dassault（达索）公司（法国）、Bombardier（庞巴迪）公司（加拿大）及我国的飞机制造公司。应用 CATIA 可以设计所有的机械零件，并进行预装配。这种预装配使工程师不必再制造一个物理样机，可直接在预装配的数字化模型上检查和修改设计中的干涉和不协调。利用 CATIA 的参数化设计，不必重新设计和建立物理样机，只需进行参数更改，就可以得到满足特殊用户需要的数字化样机，客户还可以在计算机上进行预览。

2）汽车工业。CATIA 是汽车工业的事实标准，是欧美和亚洲顶尖汽车制造商采用的核心系统。CATIA 在自由风格造型、车身和发动机设计等方面具有独到的长处，为各种车辆的设计和制造提供了全面的解决方案。CATIA 解决方案涉及产品、加工和人三个关键因素。CATIA 的可伸缩性和并行协同工作能力可显著缩短产品上市时间，提高产品的竞争力。

3）造船工业。CATIA 为造船工业提供了优秀的解决方案，包括专门的船体产品和船载设备、机械解决方案。船体设计解决方案已被应用于众多船舶制造企业，涉及所有类型船舶的零件设计、制造和装配。船体的结构设计与定义是基于三维参数化模型的。参数化管理零件之间的相关性、相关零件的更改，可以影响船体的外型。船体设计解决方案与其他 CATIA 产品是完全集成的。传统的 CATIA 实体和曲面造型功能用于基本设计和船体光顺。应用 GSM（创成式外型设计）作为参数化引擎，可以进行船舰的概念设计，并可与其他船舶结构设计解决方案进行数据交换。

4）厂房设计。在结合丰富经验的基础上，CATIA 为造船厂、发电厂、加工厂和工程建筑公司开发了新一代的解决方案，包括管道、装备、结构和自动化文档。CCPlant 是相关行业中第一个面向对象的知识工程技术系统，并且对将来企业的运作有着深远的影响。

5）加工和装配。一个产品仅有设计是不够的，还必须制造出来。CATIA 可以为各种零件做 2D/3D 关联、分析和数控加工；CATIA 特征驱动的混合建模方案能保证高速生成和组装各种精密产品，如对于机床、医疗器械、胶印机、钟表及工厂设备等均能做到一次成功。CATIA 的强大功能使其广泛应用于产品设计与制造领域。从大型产品制造商到众多小型企业，都可以从中获得效益。

6）消费品。全球众多消费品公司信赖 CATIA，其中部分原因是应用 CATIA 设计的产品风格新颖，以及 CATIA 具有建模工具和高质量的渲染工具。CATIA 已用于设计和制造如下多种产品：餐具、计算机、厨房设备、玩具、电视及各种日用品。

另外，为了在美观和风格选择上达到一致，CATIA 可以用数字化定义的产品模型，生成具有真实效果的渲染照片。在真实产品投产之前，即可进行产品的订购。

任务 1.1　了解 CATIA V5 功能模块和用户界面

【学习目标】

熟悉 CATIA 的功能及其应用范围，CATIA V5 用户界面的组成及各部分的功能。

【工作任务】

1. 会运行 CATIA V5 软件，能根据设计需要进入相应的功能模块。
2. 熟悉模块用户界面。
3. 会自定义用户界面。

【相关知识】

1.1.1 软件功能模块

CATIA V5 的 PC 版是标准的 Windows 应用程序，可以在主流 Windows 系统上运行。CATIA V5 在发售时有三种产品（P1、P2 和 P3），为不同层次的用户提供不同的解决方案。

1）CATIA V5 P1 平台是一个低价位的 3D PLM（产品生命周期管理）解决方案。CATIA P1 解决方案中的产品关联设计工程、产品知识重用、端到端的关联性、产品的验证，以及协同设计变更管理等功能，特别适合中小型企业使用。

2）CATIA V5 P2 是一个全功能平台，通过知识集成、流程加速器及客户化工具，可实现设计到制造的自动化，并进一步优化 PLM 流程。该平台解决方案具有创成式产品工程设计能力，"面向对象设计（design-to-target）"的优化技术，可让用户轻松地捕捉并重用知识，同时也能激发更多的协同创新。

3）CATIA V5 P3 平台使用专用性解决方案，能最大限度地提高特殊的复杂流程的效率。这些独有的和高度专业化的应用将产品和流程的专业知识集成起来，以支持专家系统和产品创新。

下面以 P2 产品为例，介绍 CATIA V5 的基本使用方法。

CATIA V5 共有 11 个功能模块，每个功能模块都有一个独立的工作窗口，这些功能窗口一般称为工作台（Workbench）。这些功能模块几乎涵盖了现代工业领域的全部应用，包括：

Infrastructure——基础架构

Mechanical Design——机械设计

Shape——外形设计

Analysis & Simulation——分析与模拟

AEC Plant——工厂规划

Machining——加工制造

Digital Mockup——数字化模拟

Equipment & Systems——设备与系统

Digital Process for Manufacturing——制造加工的数字化过程（工艺）

Ergonomics Design & Analysis——人类工程学设计与分析

Knowledgeware——智能软件

1.1.2 工作界面

CATIA V5 的工作界面是标准 Windows 应用程序窗口，其窗口结构与其他应用程序窗口类似，窗口的四周是工具栏，上部有下拉菜单，中间部分是工作区。工作区主要由三个部分组成（图 1-1）：

1）树状特征图（Specifications，简称为树）：列表记录用户建立的特征和元素。

2）几何体显示区（Geometry，简称为对象）：显示用户构建的几何体。

3）指南针（Compass）：指示方位、操作视图或移动旋转几何体。

CATIA V5 的操作以鼠标操作为主，通过键盘输入数值。执行命令时主要是用鼠标单击

图 1-1

工具图标，也可以通过菜单命令或键盘输入来执行命令。

1.1.3 自定义开始对话框和用户界面

在 CATIA V5 任意工作窗口中，单击工具（Tools）下拉菜单，选择自定义（Customize）命令，打开自定义对话框，可以定制用户界面。具体操作步骤如下：

1）选择菜单 Tools>Customize，显示自定义对话框，如图 1-2 所示。

2）在对话框中选择开始菜单（Start Menu）选项卡，定制开始对话框，选择的工作台命令可以在 Start 菜单的前部显示，也可以在开始对话框中出现。

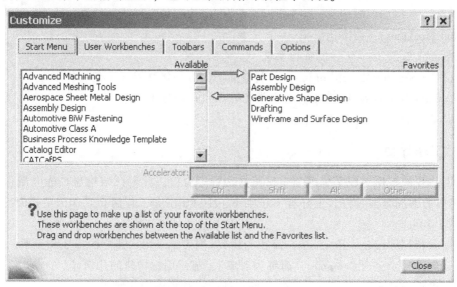

图 1-2

3）在左侧的列表中选择要定制的工作台命令，拖动命令到右侧列表框中，右侧列表框中的工作台命令会在开始对话框中出现。

4）选择用户工作台（User Workbenches）选项卡（即用户模块），可以自定义用户工作台。

5）选择工具栏（Toolbars）选项卡，可以自定义新工具栏。如果窗口中的工具栏较乱，可单击恢复工具栏位置按钮（Restore position），将工具栏恢复到默认位置，如图1-3所示。

图　1-3

6）单击选项（Options）选项卡，可以选择是否使用大图标（Large Icons）、是否显示工具提示（Tooltips）、是否锁定工具栏位置（Lock position of toolbars）和选择用户界面的语言（User Interface Language），如图1-4所示（虽然CATIA V5目前支持中文，但支持得并不好，翻译也不够准确，建议还是使用英文界面）。

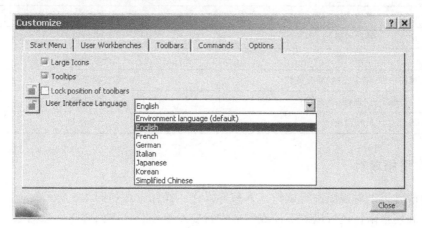

图　1-4

任务1.2　CATIA V5的鼠标和视图操作

【学习目标】

会用鼠标操作用户界面、控制视图和显示方式。

【工作任务】

1. 通过反复练习，掌握鼠标多键组合应用的方法和技巧。
2. 学会用鼠标进行对象选择和视图操作。

【相关知识】

1.2.1　CATIA V5中的鼠标操作

在CATIA V5中要使用最少有3个按键+1个滚轮的鼠标。CATIA提供各种鼠标按键的组合功能，包括执行命令、选择对象、编辑对象等，以及对视图、树和指南针等的拖动、旋转和缩放等操作。

在CATIA中选中的对象会被加亮（默认显示为橘黄色），选择对象时，在几何图形区与在树上选择是相同的，并且是相互关联的。

利用鼠标也可以操作几何视图或树状图，要使几何视图或树状图成为当前操作的对象，可以单击树枝或窗口右下角的坐标轴图标。

鼠标各操作键的一般功能见表1-1。

表1-1　鼠标各操作键的功能

动　作	功　能
单击左键	选择对象、点、命令等
拖动左键	窗选对象、移动对象、剪切粘贴对象等
单击中键	将指定点移动到视图中心
拖动中键	平移视图
单击右键	显示快捷菜单
按住中键+单击左键（或右键）	缩放视图或树状图
按住中键+左键（或右键）	旋转视图
转动滚轮	移动树

1.2.2　使用指南针

利用指南针可以对视图进行旋转、平移等操作，操作方法如图1-5所示。

另外，利用指南针还可以对部件或实体进行变换操作，这些内容将在以后章节中介绍。

三维实体可以选择多种显示方式，显示方式可通过视图工具栏中的视图显示工具控制，如图1-6所示。

图 1-5   图 1-6

三维实体在屏幕上有两种显示方式：透视投影和平行投影方式。要选择三维实体在屏幕上的显示方式，可以在视图菜单（View）中选择 Render Style>Parallel（平行投影，默认）或 Perspective（透视投影）。

任务1.3　启动 CATIA V5 功能模块

【学习目标】

会启动 CATIA V5 各功能模块。

【工作任务】

1. 会进入工作模块，建立新文件。
2. 熟悉各功能模块的用户界面和工具栏。

【相关知识】

有多种方法进入各个功能模块，下面介绍几种常用的方法。

1.3.1　用开始（Start）下拉菜单

可在开始菜单中选择进入各功能模块的命令，如要进入零件设计模块，可以选择 Start>Mechanical Design>Part Design 系统进入零件设计工作台，如图 1-7 所示。

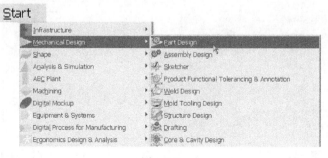

图 1-7

1.3.2 建立一个新文件

在文件（File）下拉菜单中，选择建立新文件（New），显示新建文件类型对话框，在对话框中，选择新建文件的类型，单击"OK"，进入相应的工作台，如图1-8所示。

图 1-8

1.3.3 用开始对话框

如果在CATIA V5中定义了开始对话框，进入系统时会显示开始对话框，在对话框中单击图标可以选择要进入的功能模块，如图1-9所示。

图 1-9

在CATIA V5环境中，单击工作台工具栏也可以打开开始对话框，如图1-10所示。或在工作台工具栏上单击右键，显示工作台快捷工具栏，选择相应的工作台工具图标也可以进入对应的工作台，如图1-11所示。

图 1-10　　　　　　　　　　　　　图 1-11

任务1.4 了解 CATIA V5 中的常用文件

【学习目标】

熟悉 CATIA V5 存盘的文件,包括库、工艺、装配、零件、工程图等常用文件。

【工作任务】

熟悉各种文件的扩展名和各文件的关联关系。

【相关知识】

在 CATIA V5 中建立的零件、工程图、装配、分析和工艺过程等,可以保存为单独的磁盘文件,这些文件可以单独打开并编辑修改。其中,装配、分析和工艺过程文件与它引用的模型文件有关联关系。表 1-2 列出了 CATIA V5 中常用的文件类型。

表 1-2　常用文件类型

文件类型	文件扩展名	保存内容	可能关联的文件
装配	.CATProduct	装配关系、装配约束、装配特征等	零件、装配
零件	.CATPart	零件实体、草图、曲面等	
工程图	.CATDrawing	图纸页、视图等	零件、装配
工艺过程	.CATProcess	数控加工工艺过程、产品关系、资源等	装配、零件
库目录	.CATalog	标准件库、刀具库等	

当用户进入相应的工作环境后,系统就会自动建立一个对应类型的文件来保存用户创建的数据。当用户保存文件或退出 CATIA 时,系统会提示用户起一个文件名,起文件名时,不用输入文件的扩展名,系统会自动添加文件的扩展名。文件名支持中文。

默认进入 CATIA V5 时,系统会自动打开装配设计工作台,并建立一个装配文件。如果这时建立一个新零件,这个零件会作为装配中的一个部件,并进入零件设计工作台,用户可以设计这个零件。若要建立一个单独的零件文件,可以关闭当前装配工作台窗口,再建立一个新的零件文件 (也可以在系统环境中设置不建立初始文件)。

项目 ②

草图的设计与应用

在 CATIA V5 中建立实体模型时,通常建立的第一个特征是草图基础特征,即先在一个平面上建立一个草图,再对草图进行拉伸、旋转等操作生成三维实体。因此,建立特征的第一步是建立草图。所谓草图就是在一个二维平面上建立的平面几何元素的集合,如点、线等。

任务 2.1 初识草图设计工作台

【学习目标】

1. 掌握进入草图设计工作台的方式。
2. 认知草图设计工作台的功能及辅助工具栏。
3. 掌握草图设计工作台界面设置的方法。

【工作任务】

1. 能正确进入草图设计工作台。
2. 会利用草图设计工作台辅助工具设置草图工作状态。
3. 会设置草图设计环境。

【相关知识】

2.1.1 草图设计工作台介绍

草图设计工作台也称为草图器,是建立二维元素的工作界面,通过草图器中建立的二维草图轮廓可以生成三维实体或曲面,草图中各个元素间的位置和尺寸可以用约束来限制。因此,建立草图是建立三维实体或曲面的基础。

从机械设计、外形设计等设计工作台都可以进入草图设计工作台。进入草图设计工作台的一般操作方法是:①选择一个草图平面(图 2-1);②单击草图器工具图标(图 2-2),也可以先单击草图器工具图标后选择草图平面,系统自动进入草图设计工作台。

图 2-1   图 2-2

注意：要进入草图设计工作台必须选择一个草图平面，可以在三维空间也可以在树上选择平面。若使用对话框进入草图设计工作台，需要定义草图平面的绝对坐标系。

当进入草图设计工作台后，树上会记录一个新的草图，新草图的默认名为 Sketch. X，X 表示序号（1，2，3，…）。草图设计工作台的用户界面如图 2-3 所示。

图 2-3

草图设计工作台的用户界面与零件设计工作台类似，是一个二维工作环境，在中间区域可以绘制二维草图。常用的工具栏如图 2-3 所示。在工具栏中，单击工具右下角的三角形标记可以展开下一级工具栏。

2.1.2 建立草图的一般步骤

要绘制草图，需要在三维工作台（零件设计或曲面设计工作台）中先选择一个草图平面，单击草图设计工作台工具图标，进入草图设计工作台，草图绘制完成后，退出草图设计工作台回到三维工作台环境，就可以用草图来生成零件特征或曲面，如图 2-4 所示。

①选择一个草图平面　②单击草图设计工作台工具图标　③绘制草图轮廓

⑤用草图建立实体或曲面　④施加必要的约束

图　2-4

2.1.3　草图设计工作界面设置

可以在系统的 Options（选项）对话框中，按用户的不同使用习惯设置草图工作环境。

1. 设置选项

选择菜单 Tools（工具）>Options（选项），在选项对话框中选择 Mechanical Design（机械设计）>Sketcher（草图）设置草图器选项，如图 2-5 所示。下面主要介绍 Grid（栅格）设置和 Sketch Plane（草图平面）设置。

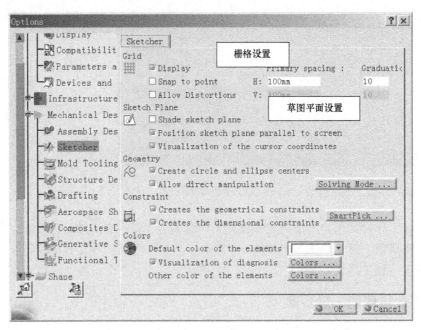

图　2-5

（1）栅格设置

1）Display：是否显示栅格。

2）Snap to point：是否捕捉栅格。

3）Allow Distortions：H 和 V 轴使用不同的栅格间距。

4）Primary spacing：设置栅格的主间距尺寸（mm）。

5）Graduations：主间距的分格数，即设置主间距内分为多少格。

（2）草图平面设置

1）Shade sketch plane：草图平面着色，即草图平面用深色显示。

2）Position sketch plane parallel to screen：每次进入草图器时，自动旋转使草图平面与屏幕平行。

3）Visualization of the cursor coordinates：在光标点处显示坐标值。

2. 对正草图平面

当选择了草图平面与屏幕平行，也可以对草图进行缩放、平移或旋转等操作。如果想重新对正草图，可以单击 工具，再次单击草图平面会水平翻转180°，如图2-6所示。

图 2-6

3. 草图器辅助工具

草图器辅助工具可以用于设置绘制草图时的工作状态，如图2-7所示。

图 2-7

（1）打开/关闭栅格捕捉 ▦ 建立各种线时可以随时打开栅格捕捉，这时光标只能停留在栅格的交点上，这样可以快速输入点。栅格捕捉打开时仍然可以通过键盘输入点的坐标值，如图2-8所示。

（2）标准/构造元素 ⚙ 通常情况下，草图中建立的点或线是标准元素，这些元素可以作为草图轮廓的一部分，并可以生成三维实体或曲面。在建立草图时，有时需要建立一些

图 2-8

辅助线或点，这些线或点不作为草图轮廓生成实体，这些辅助元素称为构造元素。构造元素在屏幕上用虚线显示，如图 2-9 所示。

（3）打开/关闭几何约束 几何约束打开时，系统会为用户建立的对象施加必要的几何约束（如相切、水平、垂直、重合等）；若关闭，系统将不能施加几何约束，当用户建立几何约束时会出现警告，说明建立的约束是临时的，不能施加到对象上。在菜单中选择 Tools（工具）>Options（选项）>Mechanical Design（机械设计）>Sketcher（草图）>Constraint（约束）>SmartPick（智能捕捉），在弹出的对话框中可以设置自动几何约束的类型，如图 2-10 所示。

图 2-9

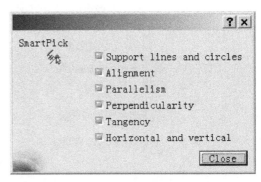

图 2-10

（4）打开/关闭自动标注尺寸 自动标注尺寸打开时，用户输入的坐标或尺寸能自动标注。

（5）数值区 `First Point: H: 163.675mm  V: 71.086mm` 建立几何元素时，用户可以输入点的坐标值，第一个值直接输入，可用<Tab>键在数值的文本框间转换。

（6）命令选项 当执行的命令有不同选项时，可用这些工具图标改变选项。

任务2.2 草图设计

【学习目标】

1. 掌握草图绘制工具的命令及使用方法。
2. 掌握草图约束工具的命令及使用方法。

【工作任务】

1. 会使用草图绘制工具，绘制草图。
2. 会使用草图约束工具，正确对草图施加约束。

【相关知识】

2.2.1 绘制简单草图

在 CATIA V5 中绘制草图时，一般先单击绘图工具图标，然后在草图工具栏设置必要的选项，再选择点或输入数值。

绘制的草图轮廓可以是：①闭合轮廓——轮廓中各元素首尾相接；②开放轮廓——轮廓中第一个和最后的元素不相接。

闭合轮廓可以相互嵌套。若生成实体，轮廓必须满足以下条件：①一般要求轮廓是闭合轮廓，如图 2-11 所示；②嵌套轮廓不能有重叠或交叉。

图　2-11

开放轮廓（图 2-12）、有交叉轮廓（图 2-13）和重叠轮廓（图 2-14）一般不能生成实体（特殊情况下可以生成实体特征，如加强筋、借助实体边的投影形成闭合轮廓、使用子轮廓等）。

开放轮廓

图　2-12

交叉轮廓

图　2-13

重叠轮廓

图　2-14

嵌套的闭合轮廓可以生成实体，从外向内进行加、减布尔运算，如图 2-15 所示。

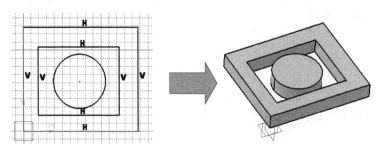

图 2-15

1．建立多段线

多段线命令是绘制草图时最常用的命令之一，使用多段线命令可以绘制包含线段和弧的连续轮廓线。轮廓可以是封闭的，也可以是不封闭的。具体操作方法是首先通过零件设计或曲面设计工作台选择一个草图平面（也可以是实体或曲面的平面型表面），单击草图器工具图标 进入草图设计工作台，然后按以下步骤绘制多段线，如图 2-16 所示。

1）单击多段线工具图标 。

2）在草图工具栏选择线段选项 （默认），单击点①、点②画线。

3）选择相切弧选项 ，单击选择圆弧终点③，系统自动恢复线段选项。

4）选择点④、点⑤，画两段直线。

5）单击三点弧选项 ，选择弧通过的点⑥和弧终点⑦，系统自动恢复线段选项。

6）选择起点①，多段线命令自动结束。

绘制多段线时应注意以下几点：

1）绘制线段或弧后若要绘制相切弧，可以在画弧起点时拖动鼠标，系统会自动转换到相切弧选项。

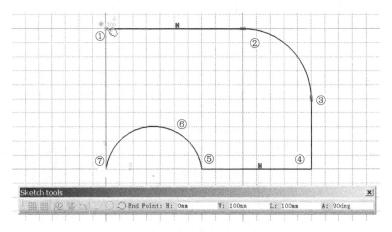

图 2-16

2）若要画一个不封闭的轮廓，可在画多段线最后的点时双击鼠标左键。

3）画每条线段或弧时，都可以在草图工具栏中输入点的 H、V 坐标值或长度、夹角等，输入值后按<Enter>键确认该值，按<Tab>键在数值的文本框间转换。如果自动标注尺寸 打开，输入的尺寸数值会自动标注。

4）要连续画多条多段线，可双击多段线工具图标。

2. 建立线

线在树上的记录是两个端点和一条线。可以用多种方法建立线段或直线，如图 2-17 所示。

两点线：选择两点画线段

直线：画水平、竖直或任意方向无限长的直线

公切线：画两条曲线的公切线

角平分线：画两条线间夹角的角平分线

法线：画垂直于已知曲线的线段（曲线的法线）

图 2-17

（1）两点线 可在草图平面上选择两点或输入两个点的坐标值绘制线段。

1）进入草图设计工作台后，单击建立两点线工具图标 。

2）在草图平面上单击选择两个点，或在草图工具栏中输入起点和终点的 H、V 坐标值（也可以在工具栏的 L 和 A 文本框内分别输入线段的长度及其与 H 轴的夹角），如图 2-18 所示。

图 2-18

绘制两点线应注意的问题如下：

1）如果自动标注尺寸 打开，输入的数值会自动标注。

2）双击两点线工具图标，可以连续画多条两点线。

（2）直线 执行这个命令可以在草图平面画无限长的直线，这个命令有三个选项：水平线、竖直线和任意方向线。

1）在草图设计工作台中，单击建立直线工具图标 。

2）在草图工具栏中选择画直线选项： 水平线、竖直线或任意方向线。

3）画水平或竖直线只需选择直线通过的一点（或在工具栏中输入直线通过点的 H 和 V 坐标值）。

绘制直线时应注意：双击直线工具图标可以重复执行直线命令。

（3）公切线 执行这个命令可以绘制两条曲线（圆、圆弧、二次曲线、样条曲线等）的公切线，操作步骤如下：

1）在草图设计工作台中，单击公切线工具图标 。

2）选择要与直线相切的两条曲线，如图 2-19 所示。

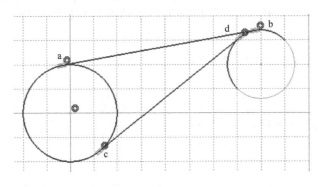

图　2-19

绘制公切线时应注意的问题如下：

1）选择曲线时应尽可能接近切点，否则得到的切线不一定是想要的，这是因为两条曲线间可能会有多条公切线，如图 2-19 所示切线 ab、cd。

2）在选择曲线时，可以选择一个点或一个对象，这时会通过选择的点，画曲线的切线。

3）双击公切线工具图标可以连续画多条公切线。

（4）角平分线　执行这个命令可以在两条选中的直线间绘制一条无限长的角平分线，操作步骤如下：

1）在草图设计工作台中，单击角平分线工具图标。

2）选择两条直线①、②，如图 2-20 所示。

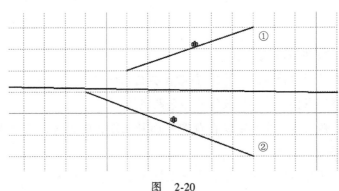

图　2-20

绘制角平分线时应注意的问题如下：

1）如果选择的两条直线是平行线，则在两条平行线间画直线。

2）双击角平分线工具图标可以连续画多条角平分线。

（5）垂线　执行这个命令可以过一点画选中的曲线的法线，操作步骤如下：

1）在草图设计工作台中，单击垂线工具图标。

2）在草图平面上选择一点①，再选择要垂直的曲线（或直线）②，如图 2-21 所示。

绘制垂线时应注意的问题如下：

1）选择点①时也可以在工具栏中输入 H、V 坐标值。

2）若垂足不在曲线上，系统会在曲线的延长线上画垂线，如图 2-22 所示。

3）单击草图工具栏图标 ，可以先选择曲线再选择一点。

4）双击垂线工具图标，可以连续画多条垂线。

图 2-21

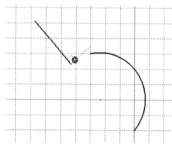

图 2-22

3. 建立点

在草图平面上建立点的方法有多种，包括：建立直观点、坐标点、等分点、交点和投影点。Point（点）工具栏如图 2-23 所示。

（1）直观点 · 执行这个命令，可以用光标直接在界面上选择一点或在草图工具栏中输入点的 H 和 V 坐标值。操作步骤如下：

1）在草图设计工作台中，单击直观点工具图标 · 。

2）在草图平面上单击选择一点，或在草图工具栏中输入 H 和 V 坐标值，即可建立直观点，如图 2-24 所示。

图 2-23

图 2-24

建立直观点时应注意：

1）选择点时要充分利用栅格捕捉或智能捕捉（Smart pick）。

2）双击工具图标可以重复执行命令。

（2）坐标点 利用对话框建立点时，在对话框中可以输入 H 和 V 坐标值，如图 2-25 和图 2-26 所示，也可以输入点的极坐标值（矢量长度 Radius 和夹角 Angle），如图 2-27 和图 2-28 所示。

建立坐标点应注意的问题如下：

1）如果在执行命令时没有选择点，则在建立点时使用绝对坐标系（即坐标原点在 H 和 V 轴交点）。若想以某点作为相对坐标的原点，应在执行命令前（或关闭对话框前）先选择这个点。

图 2-25

图 2-26

图 2-27

图 2-28

2）输入极坐标时，矢量长度就是原点到建立点的距离，夹角就是该矢量与 H 轴正方向之间的夹角（逆时针方向测量为正，顺时针方向测量为负）。

3）如果自动标注尺寸 打开，输入的数值会自动标注。

4）双击工具图标可以重复执行命令（重复执行命令过程中也可以选择相对坐标原点）。

（3）等分点 执行这个命令可以在一条线上建立多个点，这些点将这条线分为若干等份。在等分一条线或绘制等边多边形时，这个命令非常有用。如把一条线段分为 6 等份，操作步骤如下：

1）在草图设计工作台中，单击等分点工具图标 。

2）选择要等分的线段。

3）在对话框的 New Point 文本框中输入等分点数量 5。

4）单击"OK"，即在线段上建立 5 个点，把线段分为 6 等份，如图 2-29 所示。

图 2-29

建立一个正多边形时，可以利用等分点命令建立辅助构造点。建立正七边形的操作步骤如下：

1）在草图设计工作台中，单击标准/构造元素工具图标 ，转换为构造元素模式，作正七边形外接圆的辅助线，如图2-30所示。

2）在外接圆辅助线上绘制7个辅助等分点，如图2-31所示。

3）单击标准/构造元素工具图标 ，转换为标准元素模式。

4）单击多段线工具图标 ，选择圆上的等分点绘制七边形，如图2-32所示。

图 2-30

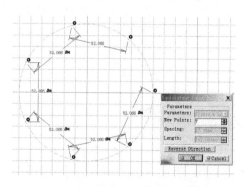

图 2-31

建立等分点时应注意：

1）等分开口线时，等分点数等于等分份数减1。等分闭合曲线时，等分点数等于等分份数。

2）等分曲线时，点的间距按曲线长度计算。

3）如果要利用辅助等分点或线建立多边形，这些辅助线一定要建立构造元素。

4）双击工具图标可以重复执行命令。

图 2-32

（4）交点 执行这个命令可以在两条线的交点上建立一个点，如果两条线段没有相交，建立的点就在其延长线的交点上。操作步骤如下：

1）在草图设计工作台中，单击交点工具图标 。

2）选择求交点的两条线①、②，建立交点，如图 2-33 所示。

建立交点时应注意：

1）两条线可能会有多个交点。

2）不能求解样条曲线延长线上的交点。

（5）投影点 ┇ 执行这个命令可以把一个（或几个）点向一条线上投影，得到一个新的点（图 2-34）。投影时可以沿曲线的法线方向 ⤢投影，也可以沿一个给定的方向 ⤡投影。给定方向时，可以选择一条线，也可以给定一个投影角度。当选择多个点向一条线上投影时，要按住<Ctrl>键先选择多个点，再执行投影点命令。

图　2-33　　　　　　　　　　　　　　　图　2-34

4. 建立样条曲线

所谓样条曲线（Spline），就是通过一系列给定控制点的一条光滑曲线，曲线在控制点处的形状取决于曲线在控制点处的切矢量方向和曲率半径（张力）。样条曲线是一种常用的曲线，在草图平面和三维空间中都可以建立样条曲线。草图中的样条曲线有两种，一种是样条曲线，另一种是连接曲线。

（1）样条曲线 ∿ 绘制样条曲线时，选择一系列控制点，系统按默认的张力和切矢量方向绘出样条曲线，结束命令时须在选择最后一个控制点时双击鼠标左键或按<Esc>键。操作步骤如下：

1）在草图设计工作台中，单击样条曲线工具图标 ∿。

2）在草图平面上单击选择一系列控制点，或在草图工具栏中输入这些控制点的坐标，如图 2-35 所示，在最后一点处双击鼠标左键或按<Esc>键。

图　2-35

若要改变控制点的位置，可以拖动控制点，或双击要修改的控制点，在对话框中修改控制点的坐标、切矢量方向和曲率半径，如图 2-36 所示。

要修改样条曲线的形状（不改变控制点），双击样条曲线，在弹出的 Spline Definition（定义样条曲线）对话框中可以在选择点之后（Add Point After）或之前（Add Point Before）添加控制点，也可以替换控制点（Replace Point），然后可选择闭合曲线（Close Spline），修改切矢量方向（Tangency）或曲率半径（Curvature Radius），如图 2-37 所示。

图 2-36

图 2-37

绘制样条曲线应注意：

1）修改样条曲线时，双击控制点可以改变控制点处的坐标、切矢量方向或曲率半径；双击曲线时可以添加或替换控制点；要删除控制点，可以在选中要删除的控制点后单击鼠标右键选择快捷菜单中的 Delete 或按键盘的<Delete>键，如图 2-38 所示。

2）双击工具图标可以重复执行命令。

（2）连接曲线 　　连接曲线命令可以在两条曲线间建立一条连接曲线，这条曲线可以是一条样条曲线，也可以是一段圆弧。操作步骤如下：

1）要连接 a、b 两条曲线，可单击连接曲线工具图标，如图 2-39 所示。

图 2-38

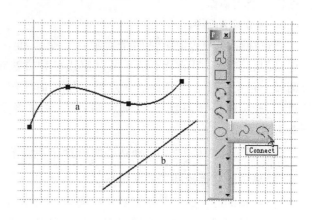

图 2-39

2）在草图工具栏中选择连接曲线类型：圆弧 或样条曲线 。如果选择样条曲线，可继续选择连续方式：点连续 、相切连续 或曲率连续 。当选择相切连续或曲率连续时还可以确定连接点处的张力 `Tension: 1` 。

3）选择要连接的曲线，曲线即被连接，如图 2-40 和图 2-41 所示。

要修改连接曲线，就双击连接曲线，可以在对话框中修改两个连接点及其连续方式和张力；要改变切矢量方向可以单击图上的红色箭头或对话框中的 Reverse Direction（翻转方向）。

图　2-40　　　　　　　　　　　　　　　　图　2-41

建立连接曲线时应注意的问题如下：

1）要根据连接曲线在连接点处的光滑情况，选择适当的连续方式。

2）点连续——连接点处不光滑过渡，如图 2-42 中点①处。

3）相切连续——连接点处的切线连续过渡，如图 2-42 中点②处。

4）曲率连续——连接点处的曲率半径连续变化，如图 2-42 中点③处。

5）如果用圆弧作为连接曲线，系统会在两个选择点处作一个相切弧。

图　2-42

5．建立圆和圆弧

圆在特征树上的记录是两个对象：一个点和一个圆。点记录圆心坐标，圆记录半径。可以使用多种方法建立圆或圆弧，包括：圆心半径圆、三点圆、用对话框作圆、三切圆、三点弧、有限制三点弧、圆心半径展角弧，如图 2-43 所示。

图　2-43

（1）圆心半径圆 ⊙　选择圆心的位置和半径作圆，步骤如下：

1）单击圆心半径圆工具图标 ⊙。

2）选择圆心，或在草图工具栏中输入 H 和 V 坐标。

3）选择圆周通过点，或在草图工具栏中输入圆的半径 R 值，如图 2-44 所示。

（2）三点圆 ◯　在草图平面上选择圆周通过的三个点作圆，这时也可以限制圆的半径，建立三点圆步骤如下：

1）在草图设计工作台中单击三点圆工具图标 ◯。

2）选择圆通过的三个点，或在草图工具栏中输入三个点的 H 和 V 坐标，如图 2-45 所示。

图　2-44

图　2-45

建立三点圆时应注意的问题如下：

1）选择的三个点不能在一条直线上。

2）可以在草图工具栏中输入圆的半径 R 后按<Enter>键，这时圆的半径被限制。

3）如果自动标注尺寸选项打开，输入点或半径后会自动标注尺寸。

（3）用对话框作圆 ⟳　执行这个命令时显示的对话框如图 2-46 所示，在对话框中输入圆心坐标和半径。确定圆心坐标时，可以在 Cartesian（笛卡儿坐标）选项卡中输入 H 值和 V 值，也可以在 Polar（极坐标）选项卡中输入 R 值和 A 值。如果选择了一个参考点，坐标值就是相对这个点的相对坐标，否则使用绝对坐标。

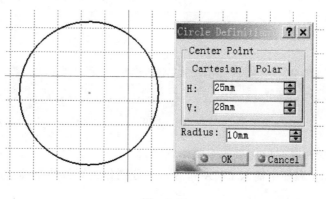

图　2-46

（4）三切圆 ○　执行这个命令时，可以选择三条线①、②、③，系统会计算得到一个圆与这三条线相切，如图 2-47 所示。也可以选择点，与三点圆类似，这时圆会通过选择的点。

（5）三点弧 ⟳　在草图平面上选择三个点，系统过这三个点作弧，其中选择的点①和点③作为弧的起点和终点，点②是弧通过的一点，如图 2-48 所示。也可以在草图工具栏中输入三个点的 H 和 V 坐标值。如果在草图工具栏中输入弧的半径 R 值后按<Enter>键，则圆弧的半径被限制。

图　2-47　　　　　　　　　　　　　　　　　图　2-48

（6）有限制三点弧　这个命令与三点弧命令类似，不同之处在于选择顺序上的差异，先选择起点①和终点③，再选择圆弧通过的点②，如图 2-48 所示。

（7）圆心半径展角弧　这个命令建立弧的原理是用圆心半径的方法先建立一个圆，再按弧的起始角和结束角来截取这个圆的一部分。作图方法如下：

1）在草图设计工作台中单击圆心半径展角弧工具图标。

2）选择圆弧的圆心①，或在草图工具栏中输入圆心①的 H 和 V 坐标值。

3）选择圆弧的起点②。

4）选择圆弧的终点③，如图 2-49 所示。

图　2-49

建立圆心半径展角弧时应注意的问题如下：

1）可以在草图工具栏中输入 R、A 和 S 值，分别作为圆弧的半径、起始角和展开角的限制。

2）要在工具栏的文本框间切换光标位置，可按<Tab>键。

6．建立二次曲线

建立二次曲线主要包括建立椭圆、抛物线、双曲线和一般二次曲线（这些也称为圆锥曲线），需要输入的参数见表 2-1。

建立二次曲线的工具栏如图 2-50 所示。

（1）建立椭圆　椭圆（Ellipse）的主要参数包括椭圆的中心点、焦点、长半轴和短半轴，如图 2-51 所示。建立椭圆时需要输入的参数包括中心点、长半轴（或短半轴）端点、通过椭圆上的一点。作图步骤如图 2-52 所示。

表 2-1 建立二次曲线需要输入的参数

二次曲线	需要输入的参数
椭圆	中心点、长半轴(或短半轴)端点、椭圆上一点
抛物线	焦点、顶点、起点、终点
双曲线	焦点、中心点、顶点、起点、终点
一般二次曲线	起点、起点切矢量方向、终点切矢量方向

图 2-50   图 2-51

1）在草图设计工作台中，单击椭圆工具图标 ⬭。

2）选择椭圆的中心点①或在草图工具栏中输入中心点的 H、V 坐标值。

3）选择长半轴端点②。

4）选择通过椭圆上的任意一点③。

图 2-52

建立椭圆时应注意的问题如下：

1）建立椭圆时可以在草图工具栏中输入 Major Radius（长半轴）、Minor Radius（短半轴）和 A（长半轴方向角）作为限制。

2）要使输入的值作为限制值，输入后要按<Enter>或<Tab>键。

（2）建立抛物线 ⋃　建立抛物线（Parabola）时需要输入的参数包括：焦点、顶点、起点和终点，如图 2-53 所示。

图　2-53

建立抛物线的步骤如图 2-54 所示。

1）在草图设计工作台中，单击抛物线工具图标 。

2）选择抛物线焦点①。

3）选择抛物线顶点②。

4）选择抛物线起点③。

5）选择抛物线终点④。

图　2-54

建立抛物线时应注意的问题如下：

1）输入焦点、顶点、起点和终点时，都可以在草图工具栏中输入该点的 H 和 V 坐标值。

2）起点和终点选择无顺序要求。

3）抛物线在树上记录为一条抛物线和两个端点。

（3）建立双曲线 　建立双曲线（Hyperbola）时需要输入的参数包括：焦点、中心点（即渐近线的交点）、顶点、起点和终点，如图 2-55 所示。

作图步骤是：

1）单击双曲线工具图标 。

2）选择一点作为双曲线的焦点。

3）选择双曲线的中心点，或输入双曲线的偏心率。

4）选择双曲线的顶点。

5）选择双曲线的起点和终点。

建立双曲线时应注意的问题如下：

图 2-55

1）输入这些点时，可以在草图工具栏中输入点的 H 和 V 坐标值。

2）可以在草图工具栏中输入双曲线的偏心率 e 值（e＝c/a，a 为实半轴，即中心点到顶点间的距离，c 为半焦距，即中心点到焦点间的距离，e>1）。

（4）建立一般二次曲线 ⤢　执行 Conic（二次曲线）命令可以通过已知点建立一般二次曲线，可以是椭圆、抛物线或双曲线。可用多种方法建立一般二次曲线——两点曲线、四点曲线和五点曲线。建立一般二次曲线的方法可通过草图工具栏中的选项工具图标来转换。建立一般二次曲线时草图工具栏显示状态如图 2-56 所示。

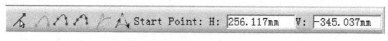

图 2-56

1）两点曲线 ⤢。建立两点曲线有两种方法。

第一种方法是定义起点、终点及其切矢量方向和曲线上一点 ⤢。作图步骤如下：

① 在草图设计工作台中单击二次曲线工具图标 ⤢，在草图工具栏中选择两点曲线选项 ⤢，再选择起点终点切线选项 ⤢。

② 选择曲线起点①，或输入起点坐标 H、V 值。

③ 再选择一点②确定起点切矢量方向，或输入切矢量角度，如图 2-57 所示。

④ 选择曲线终点③，或输入终点坐标 H、V 值。

⑤ 再选择一点④确定终点切矢量方向，或输入切矢量角度，如图 2-58 所示。

⑥ 选择曲线通过的一点⑤，如图 2-59 所示。

图　2-57

图　2-58

图　2-59

第二种方法是定义起点、终点及切矢量的交点和曲线上一点 🔺。作图步骤如下：

① 在草图设计工作台中单击二次曲线工具图标 ⌐，在草图工具栏中选择两点曲线选项 ⌒，再选择切线交点选项 🔺。

② 选择曲线起点①。

③ 选择曲线终点②。

④ 选择曲线在起点和终点切矢量的交点③，如图 2-60 所示。

⑤ 选择曲线上一点④，如图 2-61 所示。

图　2-60

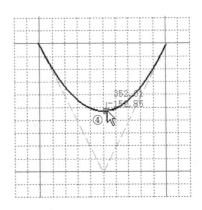

图　2-61

2) 四点曲线 ⌒。通过选择曲线的起点、切矢量方向、终点及曲线上的两个点建立二次曲线，可以控制起点的切矢量方向，也可以控制曲线上第二点的切矢量方向。作图步骤如下：

① 在草图设计工作台中单击二次曲线工具图标 ⌐，在草图工具栏中选择两点曲线选项 ⌒，再选择切线选项 ⌐。如果不选择切线选项，则在选择通过曲线第二点⑤后选择一点来确定第二点的切矢量方向。

② 选择曲线起点①，选择一点②确定起点切矢量方向，如图 2-62 所示。

③ 选择曲线终点③。

④ 选择通过曲线第一点④。

⑤ 选择通过曲线第二点⑤，如图 2-63 所示。

图　2-62

图　2-63

3) 五点曲线 ⌒。选择曲线的起点、终点和曲线上的三个点（或在草图工具栏中输入这些点的坐标）绘制二次曲线。作图步骤如下：

① 在草图设计工作台中单击二次曲线工具图标 ⌐，在草图工具栏中选择两点曲线选项 ⌒。

② 选择曲线起点①。

③ 选择曲线终点②。

④ 任意选择曲线通过的三个点
③、④、⑤（没有顺序要求），如图
2-64 所示。

7. 建立预定义轮廓线

所谓预定义轮廓线（Predefined
Profile），就是系统已经定义的一些常
用的轮廓线，这样通过输入较少的参

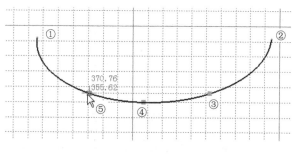

图   2-64

数就能绘制较复杂的轮廓。根据 CATIA 版本的不同，这些预定义轮廓线的种类也有所不同。
图 2-65 所示为 CATIA V5 R21 的预定义轮廓线工
具栏。

这些预定义轮廓线包括：矩形、斜置矩形、平行
四边形、长孔、弧形长孔、钥匙孔、正六边形、定心
矩形和定心平行四边形。

图   2-65

（1）矩形 ☐ 执行 Rectangle（矩形）命令可以建立正矩形（两条边分别平行于 H 轴
和 V 轴）。选择矩形的两个角点来建立矩形，作图步骤如下：

1）在草图设计工作台中单击矩形工具图标 ☐。

2）选择矩形的第一个角点①。

3）选择矩形的第二个角点②，如图 2-66 所示。

图   2-66

建立矩形时也可以在草图工具栏中输入矩形角点的 H、V 坐标或矩形的宽度 Width 和高
度 Height。宽度向右、高度向上为正值，反之为负值。

（2）斜置矩形 ◇ 执行 Oriented Rectangle（斜置矩形）命令可以建立倾斜的矩形（边
不平行于 H 轴、V 轴），作图步骤如下：

1）在草图设计工作台中单击斜置矩形工具图标 ◇。

2）选择两点作为矩形的一条边（或输入起点 H、V 坐标值，矩形宽度 W 和倾斜角度 A）。

3）选择一点确定矩形的高度（或输入矩形高度 Height），斜置矩形即建立，如图 2-67 所示。

Third Corner: H: 404.062mm V: 276.227mm Height: -40.61mm

图   2-67

（3）长孔 ⊙⊙ 执行 Elongated Hole（长孔）命令可以建立键槽、螺栓孔等一类的长形孔。长孔是由两段弧和两段直线组成的封闭轮廓。作图时选择长孔的两个中心点①、②，再选择一点③确定长孔的宽度，或在草图工具栏中输入圆弧的半径 Radius，如图 2-68 所示。

Radius: 33.212mm   Point on Elongated: H: 510.555mm V: 64.686mm

图   2-68

（4）弧形长孔 ◌ 弧形长孔（Cylindrical Elongated Hole）也称为柱形长孔，是由四段弧组成的封闭轮廓。作图方法与长孔类似：依次选择弧形长孔中心弧线的圆心①、弧形长孔中线的起点②、弧形长孔中线的终点③，最后选择点④确定长孔宽度，也可以在草图工具栏中输入对应的参数，如图 2-69 所示。

（5）钥匙孔 ◌ 执行 Keyhole Profile（钥匙孔）命令可以建立由两段圆弧和两段直线组成的钥匙孔形轮廓。作图方法是：先选择大弧圆心①和小弧圆心②，再确定小弧半径③，最后确定大弧半径④，也可以在草图工具栏中输入对应的参数，如图 2-70 所示。

（6）正六边形 ⬡ 用 Hexagon（正六边形）命令建立正六边形的步骤如下：

1）在草图设计工作台中单击六边形工具图标 ⬡。

2）选择正六边形的中心点①，或在草图工具栏中输入中心点 H、V 坐标值。

3）选择六边形通过的一点②，或在草图工具栏中输入中心点到边的距离 Dimension 及其角度 Angle，如图 2-71 所示。

（7）定心矩形 ⊡ 执行 Centered Rectangle（定心矩形）命令与 Rectangle（矩形）命令

图 2-69

图 2-70

图 2-71

类似，作图方法上的区别在于先选择矩形的中心①，再选择矩形的一个角点②。也可以在草图工具栏中输入点的 H、V 坐标值，矩形的宽度 Width 和高度 Height 来确定矩形的位置和尺寸，如图 2-72 所示。

（8）定心平行四边形 Centered Parallelogram（定心平行四边形）命令是利用已有的

图 2-72

两条线作为参照线作平行四边形，两条线的交点作为平行四边形中心，平行四边形的边分别平行于这两条线，如图2-73所示。

图 2-73

8. 建立轴线

轴线是一种特殊的线，它不能直接作为草图轮廓，只能作为旋转实体或旋转曲面的旋转中心线。轴线不能转变为构造线，标准线可以转变为轴线，通常在一个草图中只能有一条轴线，如图2-74所示。

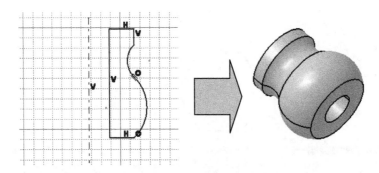

图 2-74

2.2.2 建立草图约束

1. 草图约束简介

所谓草图约束，就是施加给草图中各元素的限制，这些约束可以限制草图的形状、尺寸、方向和位置，使草图轮廓能精确地满足用户的要求。

若一个草图没有约束，它在草图平面内是自由的，可以用鼠标拖动它以改变其形状、尺寸或方位。若为草图施加了约束，那么这个草图的形状、尺寸和方位就会被确定，同时草图中各元素间或与其他元素间的关系会更加明确，并且这些约束可以方便地修改。

（1）约束的类型　草图中应用的约束分为几何约束和尺寸约束两种类型。

1）几何约束是用来限制草图的方向和位置等几何关系的约束，如草图与其他几何元素间的重合（Coincident）、同心（Concentric）、相切（Tangent）、垂直（Perpendicular）、平行（Parallel），以及自身保持水平（Horizontal）、竖直（Vertical）等。

2）尺寸约束是几何约束的一种形式，用来限制草图元素的长度、距离、半径、角度等。

（2）草图关系　所谓草图关系，就是草图与其他几何元素建立的约束关系，这些元素可以是其他草图、坐标轴、实体的边等。一般来说，在 CATIA V5 中，只要空间的几何体可见，就可以用它来约束草图。

因此，在绘制草图时，只需要先进行粗略绘制，然后再精确地约束草图的几何位置和尺寸。

2. 建立快速约束

使用建立快速约束工具![icon]，允许用户对草图进行快速尺寸约束或几何约束，系统会根据用户选择的对象来自动施加适当的约束，也可以在建立约束过程中，单击鼠标右键改变约束类型。

（1）快速约束![icon]　建立快速约束的步骤如下：

1）单击快速约束工具图标![icon]（也可以先选择对象）。

2）选择要约束的对象（可以选择一个或两个对象）。

3）若自动标注的约束不是想要的，可单击鼠标右键，在快捷菜单中选择要标注的约束类型。

4）单击选择尺寸线放置的位置，如图 2-75 和图 2-76 所示。

图　2-75

图　2-76

建立快速约束时应注意的问题如下：

1）如果要标注其他约束类型，可以在选择标注对象后单击鼠标右键，从快捷菜单中选择要标注的约束类型，如图 2-77 所示。

2）要修改尺寸约束，就双击标注的约束，在 Value 文本框中修改尺寸值，如图 2-78 所示。改变值后，单击"OK"，几何对象会随之改变。

图 2-77

图 2-78

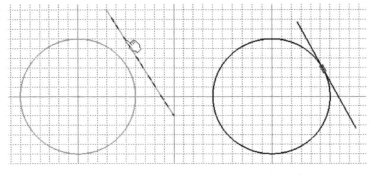

3）单击对话框中的 More，可以替换被标注的对象。

4）拖动尺寸线，可以移动尺寸标注的位置。

5）使用快速约束工具，也可以进行几何约束（在右键快捷菜单中选择几何约束的类型）。

（2）接触约束 接触约束也称为相切约束，经常用来约束两个对象相切，操作步骤如下：

1）单击快速约束工具图标 （也可以先选择对象）。

2）选择要约束的两个对象，如图 2-79 所示。

图 2-79

3. 利用对话框建立草图约束

利用约束对话框可以建立各种约束，包括尺寸约束和几何约束。利用对话框建立约束时必须先选择对象（选择多个对象时，按<Ctrl>键复选），再执行命令。约束的类型见表2-2。

表2-2　约束的类型

英文名	中文名	英文名	中文名
Distance	距离	Fix	固定
Length	长度	Coincidence	重合
Angle	角度	Concentricity	同心
Radius/Diameter	半径/直径	Tangency	相切
Semimajor axis	长半轴	Parallelism	平行
Semiminor axis	短半轴	Perpendicular	垂直
Symmetry	对称	Horizontal	水平
Midpoint	中点	Vertical	竖直
Equidistant point	等距点		

不同的约束类型，需要选择的对象数也不同，表2-3列出了选择对象的数目与对应的约束的类型。

表2-3　选择对象数与对应的约束

类型	选择对象数	对应的几何约束
几何约束	一个对象	固定（Fix） 水平（Horizontal） 竖直（Vertical）
	二个对象	重合（Coincidence） 同心（Concentricity） 相切（Tangency） 平行（Parallelism） 垂直（Perpendicularity） 中点（Midpoint）
	三个对象	对称（Symmetry） 等距点（Equidistant point）
尺寸约束	一个对象	长度（Length） 半径/直径（Radius/Diameter） （椭圆）长半轴（Semimajor axis） （椭圆）短半轴（Semiminor axis）
	两个对象	距离（Distance） 角度（Angle）

例如，约束两个点重合，操作步骤如下：

1）选择线的一个端点①，再按住<Ctrl>键选择另一条线的端点②。

2）单击约束对话框工具图标，在对话框中选择重合复选框，如图2-80所示。

3）单击"OK"，点①、点②重合，如图2-81所示。

图 2-80

图 2-81

常用的约束符号见表2-4。

表2-4 常用的约束符号

符 号	约束类型	符 号	约束类型
⌐	垂直	⚓	固定
◎	重合	⫻	平行
V	竖直	R25/D50	半径/直径
H	水平	50	长度/距离/角度

4. 自动约束

使用自动约束工具,可以对选择的对象进行自动约束。建立自动约束草图的操作步骤如下:

1)选择要约束的对象。如果要选择一个草图轮廓,可以使用自动搜索工具,方法是在草图轮廓上单击鼠标右键,选择×××object>Auto Search,如图2-82所示,这时草图轮廓被选中。

图 2-82

2）单击自动约束工具图标。

3）在自动约束对话框中，单击 Reference elements（参考对象）选项，选择参考对象，可选择坐标轴 H 轴和 V 轴，如图 2-83 所示。

图 2-83

4）单击 "OK"，建立约束，如图 2-84 所示。

5. 建立变量约束

变量约束功能可以为约束设置一个变化范围，约束可以在给定的范围内按设定的步长变化，这个功能对于草图的约束没有多少实际意义，但在机构设计中，探索机构设计方案时，会有很大的帮助。

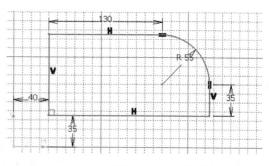

图 2-84

例如，要设计一个铰链四杆机构，各构件的尺寸确定后，可以为曲柄的角度施加一个变量约束，角度的变化范围规定为 10°~160°，变化步数为 20。单击播放按钮，约束在给定的范围内变化，就可以观察机构的运动情况，验证机构的设计方案是否合理，有无干涉等。操作步骤如下：

1）绘制机构草图并施加必要的约束，如图 2-85 所示。

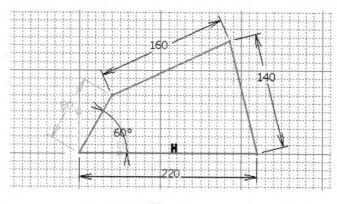

图 2-85

2）选择角度约束为 60°，单击变量约束工具图标。

3）在对话框中设置角度起始值（first value）为 10°，终止值（Last value）为 160°，变

化步数为 20。

4）选择播放方式：→单向播放、⇄循环一周、↻反复循环播放、⇉反复单向播放。

5）可单击向前播放 ▸ 、向后播放 ◂ 、暂停 ❚❚ 或停止 ■ ，来控制播放状态，如图 2-86 所示。

图 2-86

6. 草图的约束状态

约束草图的目的是使草图有准确的尺寸和位置，草图在约束后不能重复或有矛盾。草图约束有四种约束状态。

（1）欠约束（Under-Constrained） 即约束不足，如图 2-87 中竖直边（或斜边）未约束，会显示为白色。

（2）全约束（Iso-Constrained） 全部草图会显示为绿色，如图 2-88 所示。

（3）过约束（Over-Constrained） 如图 2-89 所示，斜边（或直角边）的约束是多余的，会显示为品红色。

（4）错误约束（Inconsistent Element） 三角形的两斜边长度为 50mm，底边的长度不能大于 100mm。因此，即使修改底边长度为 120mm，草图的尺寸不发生变化，会显示为红色，表示约束错误，如图 2-90 所示。

图 2-87

图 2-88

系统用不同的颜色来显示约束状态：欠约束草图呈白色，全约束草图呈绿色，过约束草图呈品红色，错误约束的草图呈红色。只有欠约束和全约束的草图才能生成实体或曲面，过约束和错误约束的草图是无效的草图。当退出草图设计工作台时，系统会显示警告，如图 2-91 所示，提示这个草图是无效草图，这时屏幕上不显示草图。

解决过约束的方法是删除多余的约束；纠正错误约束的方法是找到有逻辑错误的约束，删除后再施加正确的约束。

图 2-89

图 2-90

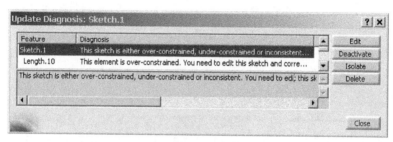

图 2-91

7. 建立关系尺寸

依赖于其他尺寸某种特定关系的尺寸称为关系尺寸，即关系尺寸是其他某些尺寸的函数。在 CATIA V5 中，这种关系不仅可以依赖于其他尺寸，也可以依赖于其他参数（如力、时间、材料特性等）。

假定尺寸 B = 40mm，尺寸 C = 20mm，尺寸 A = B+C/2，则尺寸 A 就是尺寸 B 和尺寸 C 的关系尺寸（图 2-92）。建立关系尺寸的操作步骤如下：

1）双击关系尺寸 A，在约束定义对话框的 Value（尺寸值）文本框中单击右键，在快捷菜单中选择 Edit formula...（编辑公式），如图 2-92 所示。

图 2-92

2）在函数编辑器中为尺寸 A 建立关系：选择尺寸 B，输入"＋"号，再选择尺寸 C，输入"/2"，如图 2-93 所示。

3）单击"OK"，即建立了关系尺寸。这时，尺寸 A 依赖于尺寸 B 和 C，当尺寸 B = 40mm、尺寸 C = 20mm 时，尺寸 A = 50mm。关系尺寸上有 $f_{(x)}$ 标记，如图 2-94 所示。

图 2-93

图 2-94

任务 2.3　草图的编辑与管理

【学习目标】

1. 掌握编辑和修改草图的命令及使用方法。
2. 掌握建立草图平面、改变草图支承面、草图分析等操作。

【工作任务】

1. 会使用草图编辑和修改命令对草图进行编辑操作。
2. 会通过建立草图平面、改变草图支承面、草图分析对草图进行操作。

【相关知识】

2.3.1　草图的编辑与修改

　　编辑和修改草图包括修改草图轮廓的形状和尺寸,为草图添加修饰(如倒角、圆角、修剪、断开等,这些操作也称为再限制操作)、移动和镜像等变换操作、求三维实体在草图平面的投影或截交线的操作。这里介绍一些选择对象的方法和工具。

1. 修改草图轮廓

只要在特征树上能看到草图记录，就可以在任何时候编辑修改草图。编辑修改完成后退出草图设计工作台，系统会自动（或手动）更新设计，回到当前的工作环境。

（1）进入编辑修改草图环境　在任何一个工作台上都可以修改草图。要修改某个草图，就在特征树上双击这个草图名称，这时系统自动进入草图工作环境，可以对草图进行各种编辑修改操作，甚至可以把原来的草图全部删除，再重新绘制草图。退出草图设计工作台后，系统会按修改后的草图自动更新。修改后的草图要满足生成实体或曲面的条件，否则会出现更新错误。操作步骤如下：

1）在零件设计工作台中，双击特征树上有圆孔的方形凸块 Pad.1>Sketch.1，如图 2-95 所示。

2）系统自动进入草图设计工作台，单击右键选择中间的圆，在快捷菜单中选择 Delete 命令（或按<Delete>键）删除圆，然后作一个矩形，如图 2-96 所示。

图 2-95　　　　　　　　　　　　　　图 2-96

3）单击退出草图器工具图标，系统自动回到零件设计工作台并更新，可以看到原来中间的圆孔改变为方孔，如图 2-97 所示。

（2）选择要编辑修改的对象　在 CATIA V5 中，被选中的对象显示为橘黄色。选择对象的方法有多种，可以使用选择工具栏进行选择，选择工具栏如图 2-98 所示。

图 2-97　　　　　　　　　　　　　　图 2-98

1）单选（默认）：单击选择一个对象，按<Ctrl>键可以重复选择（复选）。

2）窗选（隐含）：拖动窗口选择对象，完全包含在窗口中的对象被选中。

3）交叉窗选：拖动窗口选择对象，窗口内和与窗口相交的对象被选中，如图 2-99 所示。

4）多边形窗选：用光标点选，作多边形（选最后点时双击），包含在多边形内的对象被选中，如图 2-100 所示，选中了两条线和四个点。

5）光标轨迹选择：在屏幕上拖动光标画出一条光标的轨迹线，被这条轨迹线穿过的对象被选中，如图 2-101 所示。

图　2-99

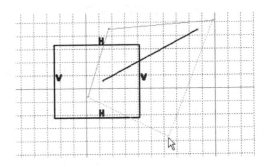

图　2-100

6）窗口排除选择 ：与窗选相反，窗口外的对象被选中，完全包含在窗口中的对象不被选中。

7）交叉窗口排除选择 ：与交叉窗选相反，完全在窗口外的对象被选中，包含在窗口内和与窗口相交的对象不被选中。

图　2-101

2. 草图的再限制操作

所谓草图的再限制（Relimit）操作是指圆角、倒角、修剪和断开等操作，这些操作可以重新限制草图的轮廓形状。

需要说明的是，有些再限制操作命令在 CATIA V5 的草图中并不常用（如倒角和圆角命令），这是因为在三维实体上倒角或圆角要比在草图轮廓上倒角或圆角更方便，修改也更容易。而修剪这类命令在绘制较复杂的草图轮廓时很有用，利用它可以提高绘图效率。

（1）圆角 　圆角命令在草图工具栏中有六个修剪模式选项：全部修剪、修剪第二边、不修剪、修剪为尖角、修剪为构造线和转变为构造线，如图 2-102 所示。

圆角操作步骤如下：

1）单击操作工具栏中的圆角工具图标 。

图　2-102

2）在草图工具栏中选择修剪模式：全部修剪（图 2-103）、修剪第二边（图 2-104）、不修剪（图 2-105）、修剪为尖角、修剪为构造线或转变为构造线。

图　2-103

图　2-104

图　2-105

3) 选择要圆角的两条边。

4) 预览圆角的位置，移动光标，将圆角放在正确的位置上。

5) 单击鼠标左键或输入圆角半径值后按<Enter>键，如图 2-106 所示。

图　2-106

（2）倒角 倒角命令与圆角命令类似，有六种修剪模式（图 2-107）：全部修剪、修剪第二边、不修剪、修剪为尖角、修剪为构造线和转变为构造线。另外，倒角的尺寸标注有三种方式：角度与长度、边长与边长、边长与角度，分别如图 2-108~图 2-110 所示。

图　2-107

图　2-108

图　2-109

图　2-110

倒角操作步骤如下：

1) 单击倒角工具图标 。

2) 在草图工具栏中选择修剪模式。

3）选择第一倒角边和第二倒角边。

4）在草图工具栏中选择尺寸标注方式。

5）拖动放置倒角位置，单击鼠标左键，或输入倒角尺寸后按<Enter>键。

（3）修剪 在修剪工具中包含五个命令：修剪、断开、快速修剪、闭合和补余弧，如图2-111所示。

图 2-111

1）修剪 。执行修剪命令，可以在两条线的交点处将线断开为两部分并删除其中的一部分。这个命令在草图工具栏中有两个选项：全部修剪和修剪第一条线。

修剪操作步骤如下：

① 单击修剪工具图标 。

② 选择要修剪的线。

③ 在草图工具栏中选择全部修剪或修剪第一条线，如图2-112所示。

图 2-112

使用修剪命令时应注意：

① 选择修剪对象时应选择要保留的部分，不要选择被删除的部分。

② 当修剪的对象是圆或椭圆这类闭合曲线时，应注意闭合点通常在曲线的0°角方向，也就是过圆心水平线的右边。因此，修剪闭合曲线时可以把闭合点看作是曲线的端点，如图2-113所示。

图 2-113

③ 使用修剪命令不但可以修剪两条线，也可以修剪一条线。如图2-114所示，先选择这条线，再选择一个修剪点即可。

图 2-114

2）快速修剪◢。快速修剪命令能把对象的一部分修剪掉，但不能删除整个对象（删除对象要在选择对象后，单击右键选择 Delete 命令，或按键盘<Delete>键）。这个命令较常用。在草图工具栏上有三个选项：修剪选择处⬛（图 2-115）、保留选择处⬛（图 2-116）和在交点处断开⬛（图 2-117）。

快速修剪操作步骤如下：

① 单击快速修剪工具图标◢。

② 选择快速修剪选项：修剪选择处、保留选择处或在交点处断开。

③ 选择要修剪的对象。

图 2-115

图 2-116

图 2-117

3）断开◢。使用断开命令可以把一条线断开为两部分，操作步骤如下：

① 单击断开工具图标◢。

② 选择需要被断开的线①，如图 2-118 所示。

③ 选择断开的边界对象②，如图 2-119 所示。

图　2-118

图　2-119

4）闭合 🕙。使用闭合命令可以把圆弧或椭圆弧闭合为圆或椭圆，操作步骤如下：

① 单击闭合工具图标🕙，或单击右键选择弧，在快捷菜单中选择×××Object>Close（闭合）命令。

② 选择要闭合的圆弧或椭圆弧，如图 2-120 所示。闭合结果如图 2-121 所示。

图　2-120

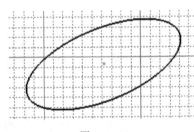

图　2-121

5）补余弧 🕙。补余弧命令的功能是删除选择的弧，并显示出这个弧的余弧，如图 2-122 和图 2-123 所示。

图　2-122

图　2-123

3. 草图的变换操作

通常把草图的镜像、移动、旋转、比例缩放和偏移这类操作称为变换操作。在 CATIA V5 中，这些变换操作都有重复复制功能，可以利用这些功能进行阵列操作。但是，在草图中这些变换操作并不常用，这是因为对实体或曲面进行变换操作更方便、更灵活，也更直观。因此，大多数的变换操作都是在实体设计或曲面设计中进行的，但有时在草图中使用变换功能可以帮助用户避免重复绘制草图，提高绘图效率。

（1）镜像 🕙 和对称 🕙　镜像操作就是以一条镜像线为中心线复制选择的对象，并保留原对象，而对称是在镜像复制选择的对象后删除原对象，两个命令的操作方法相同。下面以镜像为例说明操作的步骤。

1）选择要镜像的对象△ABC（可以复选多个对象）。

2）在变换工具栏中单击镜像工具图标 。

3）选择镜像线 ab，如图 2-124 所示。镜像线可以是一条已有的直线，也可以是坐标轴 V 轴或 H 轴。

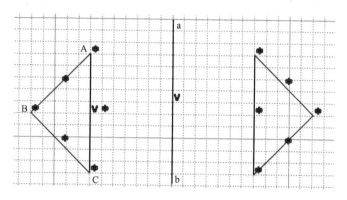

图　2-124

镜像或对称操作时应注意：

1）镜像或对称操作时可以先执行命令，也可以先选择对象。但是，如果先执行命令再选择对象，只能镜像一个对象；如果先选择对象，则可以选择多个对象（按<Ctrl>键选择或窗选等）进行镜像。

2）镜像操作时，如果几何约束工具是打开的，系统会自动施加对称约束，这样当修改其中的一个对象时，它的对称图形会随着变化，并始终保持与之对称。如果镜像后删除了镜像线，对称约束会自动解除。

（2）移动 执行移动命令时，弹出 Translation Definition（定义移动）对话框，在对话框中可以定义多重复制等多个参数，如图 2-125 所示。

对话框中的参数说明如下：

1）Instance（s）：复制对象的数目。

2）Duplicate mode：是否用复制模式。勾选表示复制对象；不勾选表示移动对象。

3）Keep internal constraints：保持内部约束，即保留被选中对象间的内部约束。

4）Keep external constraints：保持外部约束，即保留被选中对象与其他对象间的外部约束。

5）Value：移动的距离。

图　2-125

6）Snap Mode：捕捉模式，用鼠标拖动来确定移动距离时会自动捕捉（默认捕捉间距是5mm）。

移动操作的步骤如下：

1）选择要移动的对象（可以复选）。

2）单击移动工具图标→，显示对话框。

3）选择移动对象时的参考点。

4）定义对话框中各参数，单击"OK"，如图2-126所示。

5）选择一点确定参考点移动的方向。

图　2-126

移动操作时应注意：

1）移动操作时可以先执行命令或先选择对象。但是，如果先执行命令再选择对象，只能移动一个对象；如果先选择对象，则可以选择多个对象（按<Ctrl>键选择或窗选等）进行移动。

2）移动时必须选择一个参考点。

3）如果在对话框中输入移动距离，单击"OK"关闭对话框，这时要用光标来确定移动的方向；也可以直接用光标确定移动的距离和方向。

（3）旋转 ↻　与移动命令类似，旋转参数也是用对话框来定义，包括：是否用复制模式、复制的数目、是否保持约束、旋转的角度等。

旋转操作的步骤如下：

1）选择要旋转的对象（可以复选）。

2）单击旋转工具图标↻，显示旋转对话框。

3）选择旋转中心。

4）定义对话框中的参数。

5）单击"OK"，即建立旋转操作，如图2-127所示。

（4）比例缩放 ◈　用这个命令可以按比例缩放选择的对象，缩放时可以选择：是否复制、复制的数目、是否保持约束、缩放的比例系数（系数大于1是放大，小于1是缩小）。

缩放操作步骤如下：

1）选择要缩放的对象（可以复选）。

2）单击缩放工具图标◈，显示缩放对话框。

3）选择一个缩放中心点。

4）定义对话框中的参数（选择复制模式、保持约束、缩放比例系数等，或用光标拖动

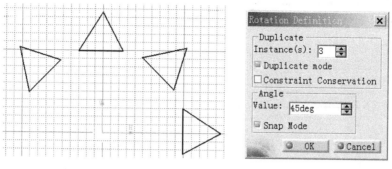

图 2-127

来确定缩放比例系数)。

5)单击"OK",即完成比例缩放,如图 2-128 所示。

图 2-128

(5)偏移操作 偏移操作就是绘制被选择草图轮廓的等距线,偏移时通过草图工具栏可以确定被选择对象的三种延续方式:不延续 、相切延续 和点连续延续 ,如图2-129 所示。

图 2-129

偏移操作步骤如下:

1)选择要偏移的对象。

2)单击偏移工具图标 。

3)在草图工具栏中选择对象延续方式来确定被选择对象相邻的草图元素是否被选中,

可以选择不延续、相切延续和点连续延续。

4）选择偏移对象通过的一个点，或在草图工具栏的 Offset 文本框中输入偏移量，如图 2-130 所示。

图　2-130

偏移操作时应注意：

1）偏移操作时，如果在草图工具栏中输入偏移的距离，要移动光标使预览图形在正确的一侧。

2）偏移操作时，在草图工具栏中还可以选择双侧偏移 ，如图 2-131 所示。

3）要进行多重偏移，可在草图工具栏的 Instance（s）文本框中输入偏移的数目，如图 2-132 所示。

图　2-131　　　　　　　　　　　　　　　　图　2-132

4. 三维实体操作

三维实体操作包括：求三维对象在草图平面上的投影、三维对象与草图平面的截交线和三维实体外廓在草图平面上的投影。通过投影或截交得到的草图（默认用黄色显示）与三维对象保持链接关系，在切断链接关系前链接对象是不能修改的。如果修改了三维对象，则通过投影得到的草图会随之更新。

（1）投影三维对象　投影三维对象就是把离开草图平面的三维实体的棱边或面向草图平面作正投影，在草图平面上得到（棱边的）投影线或（面的）边界线。这个功能对按装配关系来设计零件的情况非常有用。如图 2-133 所示的两个配合零件，盘形件上孔的草图轮廓就是用轴的端面投影得到的。这样，当轴的截面尺寸变化时，孔的尺寸也随着变化。

投影操作步骤如下：

1）选择离开草图平面的三维实体的边或面（可复选）。

2）单击投影工具图标 ⚏ ，在草图平面上得到黄色的投影草图，如图 2-134 所示。

投影操作时应注意：

1）投影线可以作为闭合草图轮廓的一部分使用。

2）投影线不能单独修改，如果要修改，则需要先分离。

图 2-133   图 2-134

3）可以用分离命令来切断投影线与三维对象的链接，这时投影就转变为普通的草图，可以进行编辑修改。

4）要分离一条投影线，可以右键单击投影线，在快捷菜单中选择 Mark.x object（投影线的默认名是"Mark.x"）>Isolate（分离）命令，如图 2-135 所示。

（2）三维对象的截交线 ⚏   所谓截交线就是穿过草图平面的面（或线），在草图平面上得到的相交线（或点）。曲面（或平面）与草图平面截交得到曲线（或直线）；线与草图平面截交得到一个点。得到的截交草图与三维实体保持链接关系，可通过右键快捷菜单选择分离。截交操作步骤如图 2-136 所示：

1）选择要截交的面或线（可复选）。

2）单击截交工具图标 ⚏ 。

图 2-135

图 2-136

（3）投影三维实体的轮廓   用这个命令可以把三维实体的外廓（通常是旋转体）正投影到草图平面，作为草图轮廓的一部分。投影得到的草图与三维实体保持链接，可在右键快捷菜单中选择分离命令。需要注意的是，在目前的软件版本中只能用轴线平行于草图平面的规则曲面建立轮廓投影。轮廓投影操作步骤如下：

1）选择要投影的曲面或实体表面（可复选）。

2）单击轮廓投影工具图标 ，结果如图 2-137 所示。

图　2-137

5. 编辑投影和截交线

（1）修改投影关系　在草图设计工作台中双击投影线，投影的三维参考对象会加亮显示，这时可以选择其他参考对象来代替投影参考对象，相应的投影草图会随之改变，如图 2-138 和图 2-139 所示。

图　2-138　　　　　　　　　　　　　　　　图　2-139

（2）将投影或截交线修改为构造线　选择投影或截交线，在草图工具栏中单击构造线工具图标 ，投影改变为构造线。

（3）删除投影或截交线　删除投影或截交线，与删除草图的操作方法相同。可以选择（可复选）投影或截交线，单击鼠标右键，在快捷菜单中选择 Delete 命令，或按键盘的 <Delete>键。

2.3.2　草图的管理

1. 建立草图平面

草图必须依附在一个平面上，这个平面就是草图的支承面，在一个平面上可以建立多个各自独立的草图。系统建立了三个默认平面——xy 平面、xz 平面和 yz 平面。另外，实体或曲面上的平面型表面都可以作为草图平面。

在建立实体特征时，有时需要将草图绘制在一个特定的位置上。如图 2-140 所示，在建立斜凸台时，就需要在空间特定的方位建立一个新的平面来支承草图（只能在三维空间中建立新平面，如零件设计工作台、曲面设计工作台等）。下面以在零件设计工作台中为例，介绍建立平面的步骤。

1）在零件设计工作台的工具栏上单击右键，在快捷菜单中选择显示参考元素工具栏（Reference elements），屏幕上会显示工具栏 <code>· / ◻</code>。

2）单击建立平面工具图标 ◻，显示建立平面对话框，如图 2-141 所示，在 Plane type 下拉列表中选择建立平面的方式，选择 Angle/Normal to plane（建立角度/垂直平面）。

图 2-140

图 2-141

3）单击选择 Rotation axis（旋转轴线）选择框，选择实体的棱边①作为旋转轴，如图 2-142 所示。

4）选择参考面（Reference）：上表面②，如图 2-142 所示。

5）在旋转角度（Angle）文本框中输入旋转角度 45°。

6）单击"OK"，即建立旋转平面，如图 2-143 所示。

图 2-142

图 2-143

在 CATIA V5 中，可以用多种方法建立平面，如图 2-144 所示。

1）Offset from plane：建立偏移平面。

2）Parallel through point：通过点建立平行平面。

3）Angle/Normal to plane：建立角度或垂直平面。

4）Through three points：通过三点建立平面。

5）Through two lines：通过两条直线建立平面。

6）Through point and line：通过点和线建立平面。

7）Normal to curve：建立曲线的法平面。

图 2-144

8) Tangent to surface：建立曲面的切平面。

9) Equation：用方程建立平面。

10) Mean through points：作多个点（三个以上）的平均平面。

建立上述平面的方法在项目4线架与曲面的设计与应用中会做详细介绍。

2. 改变草图的支撑面

在一个平面上设计完成的草图，可以随时改变其支承面。改变草图支承面的操作步骤如下：

1) 在树上单击右键选择要改变支承面的草图。

2) 在快捷菜单中选择 Sketch. x object>Change Sketch Support（改变草图支承面），如图 2-145 所示，显示草图定位对话框。

图 2-145

3) 选择新的草图平面，如选择 yz 平面，如图 2-146 所示。

4) 单击"OK"，草图的支承面被改变，草图上生成的实体也随之更新，如图 2-147 所示。

图 2-146　　　　　　　　　　　　　　　　　　　　　　图 2-147

3. 草图分析

当绘制了一个草图轮廓，要建立一个实体特征，系统提示这个草图不能建立特征。原因是这个草图轮廓有错误，这些错误可能是：草图轮廓未封闭，草图轮廓有交叉，草图有重叠或有些点（或线）需要改为构造几何体。但这些错误很难找到，利用草图设计工作台中 Tools（工具）>Sketch Analysis（草图分析）功能（图 2-148）可以帮助查找或纠正这些错误。在草图分析对话框中，可以分析草图的几何关系、投影和截交及几何体状态。

图　2-148

（1）分析草图的几何关系　要确定草图是否闭合，有无重叠或交叉，可以分析草图的几何关系，分析步骤如下：

1）在零件设计工作台的特征树上，双击要分析的草图名称，系统自动切换到草图设计工作台，选择菜单 Tools（工具）>Sketch Analysis（草图分析），显示草图分析对话框。

2）在对话框中选择 Geometry 标签，打开几何关系选项卡，如图 2-149 所示。

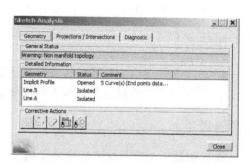

图　2-149

3）这时几何体上，在开口轮廓的端点显示蓝色圆圈，同时在对话框中可以查看草图的几何关系，这些关系见表 2-5。

表 2-5　草图轮廓类型

Geometry(几何体)	Status(状态)	Comment(说明)	纠正方法
Profile(草图轮廓)	(Closed)闭合草图轮廓	组成轮廓的线段数	
	(Opened)开口草图轮廓	组成轮廓的线段数	修改为闭合轮廓
point, line(点、线)	(Isolated)孤立的几何体	警告信息	修改为构造元素或删除

4）利用对话框中的工具可以纠正草图中的错误。在对话框中选择要修改的草图轮廓，可进行如下操作：

① 单击 ⚙：把轮廓修改为构造元素。

② 单击 ⚙：闭合草图轮廓。

③ 单击 ✏：删除草图轮廓。

为了使草图显示得更清晰，可以暂时隐藏一些无关元素。单击 ⚙，隐藏草图中的约束符号；单击 ⚙，隐藏草图中的构造元素。

（2）分析投影和截交元素　在草图分析对话框中，选择 Projections/Intersections 标签可以分析草图中的投影或截交线，并可以利用对话框中的工具来修改这些投影或截交线：单击 ✐，分离投影/截交线；单击 ◎，修改投影或截交的有效/无效状态；单击 ✏，删除选择的投影/截交线；单击 ✎，改变投影对象。

在草图分析对话框中,按住<Ctrl>或<Shift>键可以选择多个要编辑修改的对象。

(3)分析几何元素的约束状态 在草图分析对话框中,选择 Diagnostic 选项卡,可以分析草图中各元素的约束状态和几何体类型(标准元素或构造元素)。

任务2.4 应用实例

【学习目标】

1. 掌握绘制草图的方法与步骤。
2. 掌握草图绘制工具、草图操作命令及约束的应用方法。

【工作任务】

1. 通过实例读懂绘制草图的方法与步骤。
2. 会使用草图绘制工具、草图操作命令及约束等正确绘制草图。

【实例概述】

本实例是一个简单草图的绘制实例,主要运用了直线、轮廓、圆、圆角、约束及修剪等工具,其中包括圆的各种绘制方法以及圆角、快速修剪、约束等草图编辑工具的使用知识。通过本实例的练习,可以了解草图的多种绘制工具及草图绘制的一般过程,掌握一些绘图的技巧。实例完成的效果图如图 2-150 所示。下面详细介绍绘制该草图的操作步骤。

图 2-150

(1)进入草图环境

1)启动 CATIA V5 R21 软件。在 Windows 系统中选择"开始">"程序">CATIA>CATIA

V5 R21 命令，启动 CATIA V5 R21 软件。

2）新建文件。在工具栏中选择 File（文件）>New（新建），系统弹出 New（新建）对话框，选择 Part 文件，如图 2-151 所示，单击 "OK"，即建立一个新文件，系统默认文件名为 Part1。

3）进入草图环境。在工具栏中单击 Sketch（草图）工具图标 ，然后在左侧特征树中单击 xy plane（xy 平面）选取草图平面，即进入草图环境。

图 2-151

（2）绘制草图基准和基本轮廓

1）绘制基准线。单击 Profil（轮廓线）工具栏中的 Axis（轴线）工具图标 ，绘制基准中心线，如图 2-152 所示的。也可以激活 Construction/Standard Element（构造/标准元素）命令 ，直接用 Line（直线）命令 来绘图，并标注约束尺寸。

2）绘制圆和圆弧。单击 Profile（轮廓线）工具栏中的 Circle（圆）工具图标 ，以坐标原点为圆心，绘制 φ70mm 的圆。再选择 Circle（圆）命令中的 Arc（圆心半径展角弧）命令 ，绘制出 R55mm、R100mm 和 R20mm 的圆弧，并标注约束尺寸，如图 2-153 所示。

图 2-152   图 2-153

3）绘制直线。单击 Profile（轮廓线）工具栏中的 Line（直线）工具图标 ，绘制出直线①、直线②、直线③、斜线④，如图 2-154 所示。

4）倒圆角。单击 Operation（操作）工具栏中的 Corner（圆角）工具图标 ，然后在 Sketch tools（草图工具）命令栏中选择圆角修剪方式。选择第一种修剪 Trim All Elements（修剪所有元素） ，将外轮廓 4 处圆角全部倒出并修剪完成，然后标注约束尺寸，如图 2-155 所示。

（3）添加约束，完成基本轮廓

1）定义圆弧圆心位于角度线上。单击左下角 R20mm 圆弧①的圆心，按住 <Ctrl> 键，并单击 15°角的虚线②，即选中了这两个元素，再单击 Constraint 工具栏中的 ，会弹出

图　2-154

图　2-155

Constraint Definition（定义约束）对话框，选择 Coincidence（重合），单击 "OK"。用同样的方法使右下角 R20mm 圆弧③与30°角的虚线④重合，约束重合后如图 2-156 所示。

　　2）定义斜线与两圆弧相切。同时选择右上角斜线①与 R55mm 圆弧②，单击 Constraint 工具栏中的⑤，在 Constraint Definition（定义约束）对话框中，选择 Radius/Diameter（半径/直径）和 Tangency（相切），单击 "OK"，即完成斜线①与 R55mm 圆弧②相切。用同样的操作方法使斜线①与 R20mm 圆弧③相切，如图 2-157 所示。

图　2-156

图 2-157

3）修剪多余线段。单击 Operation（操作）工具栏中的 Trim（修剪）工具图标 ✕，选择其中的 Quick Trim（快速修剪）⌒。单击多余线段，修剪圆弧。修剪后如图 2-158 所示。

图 2-158

4）定义直线与圆弧相连接。选取直线①右端点，按住 <Ctrl> 键，选取圆弧②的左端点，再选择 Constraint 工具栏中的 ⌐，在 Constraint Definition（定义约束）对话框中，选择 Coincidence（重合）。单击"OK"，即完成直线①与圆弧②相连接，如图 2-159 所示。

图 2-159

5）定义直线与圆弧相切。再选取该直线和 R20mm 圆弧，单击 Constraint 工具栏中的 ⌐，在 Constraint Definition（定义约束）对话框中，选择 Radius/Diameter（半径/直径）和 Tangency（相切）。单击"OK"，即完成直线与 R20mm 圆弧相切，如图 2-160 所示。

图 2-160

（4）绘制长孔

1）绘制长孔。单击 Rectangle（矩形）工具图标□下角标，选取 Elongated Hole（长孔）⊙⊙。选择长孔的两个中心点①、点②，在草图工具栏 Radius 文本框中输入长孔圆弧的半径 10mm，按<Enter>键，即完成长孔的绘制，同时施加约束并标注尺寸，如图 2-161 所示。

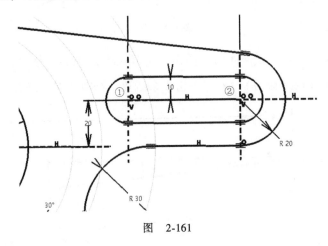

图 2-161

2）绘制弧形长孔。单击 Rectangle（矩形）工具图标□下角标，选取 Cylindrical Elongated Hole（弧形长孔）⊙⊙。选择弧形长孔中心弧线的圆心①，再选择弧形长孔中线的起点②和终点③，最后选择点④确定长孔宽度（或在草图工具栏的 Radius 文本框中输入弧形长孔圆弧的半径 12mm，按<Enter>键），即完成弧形长孔的绘制，同时施加约束并标注尺寸，如图 2-162 所示。两个长孔绘制完成后的结果如图 2-163 所示。

图 2-162

图 2-163

（5）绘制手柄

1）绘制 R4mm 圆弧。单击 Profile（轮廓线）工具栏中的 Circle（圆和圆弧）中的 Three Point Arc Starting With Limits（有限制三点弧）工具图标，分别选择圆弧的起点和终点，再选择圆弧通过的一点，绘制 R4mm 圆弧，同时施加约束并标注尺寸，如图 2-164 所示。

图 2-164

2）绘制 R50mm 圆弧。单击 Profile（轮廓线）工具栏中的 Circle（圆和圆弧）中的 Three Point Arc（三点弧）工具图标，绘制 R50mm 圆弧，同时施加约束并标注尺寸，如图 2-165 所示。

图 2-165

3）定义 R4mm 和 R50mm 圆弧相切。同时选取 R4mm 和 R50mm 两圆弧，单击 Constraint 工具栏中的 ⊟，在 Constraint Definition（定义约束）对话框中，选择 Radius/Diameter（半径/直径）和 Tangency（相切）。单击"OK"，即完成两圆弧相切，如图 2-166 所示。

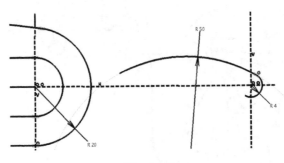

图　2-166

4）定义 R50mm 圆弧的位置。选取 R50mm 圆弧的圆心，按住<Ctrl>键，再选取中心线，单击 Constraint 工具栏中的 ⊟，在 Constraint Definition（定义约束）对话框中，选择 Distance（距离）。单击"OK"，即约束了圆弧的圆心到中心线的距离。然后双击距离尺寸线，修改 Value 值为 40mm，如图 2-167 所示。

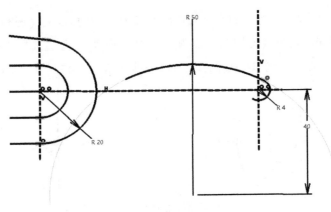

图　2-167

5）倒圆角。单击 Operation（操作）工具栏中的 Corner（圆角）工具图标 ⌒，然后在 Sketch tools（草图工具）命令栏中选择圆角修剪方式，选择第二种修剪方法 Trim First Elements（修剪第一边）⌒。将 R50mm 和 R20mm 圆弧的过渡圆弧倒出，过渡圆弧半径为 10mm，如图 2-168 所示。

6）镜像，完成手柄绘制。选取 R10mm 和 R50mm 的圆弧，单击 Operation（操作）工具栏中的 Mirror（镜像）工具图标 ⺾，然后选择镜像对称轴①，即完成手柄部分的绘制，如图 2-169 所示。

7）修剪多余线段。单击 Operation（操作）工具栏中的 Trim（修剪）工具图标 ✕，选择其中的 Quick Trim（快速修剪）∅。单击多余线段进行修剪后，完成草图，如图 2-170 所示。

图　2-168

图　2-169

图　2-170

项目③

零件的设计与应用

CATIA V5 的零件设计功能用户界面直观、灵活，可以利用草图或曲面精确地进行各种机械零件设计。从利用装配关系的草图设计，到零件的反复修改设计，在 CATIA V5 中可以完成各种简单或复杂的设计。

CATIA V5 利用布尔运算的灵活性，结合各种特征设计的强大功能，提供了一个高效、直观的设计环境，并可以利用其伴侣模块的装配设计、工程图设计和数控加工等功能，完成全方位的产品开发、设计和制造工作。

任务 3.1 初识零件设计

【学习目标】

    1. 了解零件设计的方法及过程。
    2. 掌握零件、实体和特征的定义。

【工作任务】

    能应用多种类型的特征生成实体。

【相关知识】

3.1.1 零件设计简介

在 CATIA V5 中，利用实体的布尔运算或各种特征，可以设计出各种复杂的零件，这些零件通过装配组合，最终形成产品。机械零件的设计通常有两种方法：一是利用装配关系设计每个零件，这种方法称为自上而下的设计方法，常用于进行新产品的设计；二是首先设计出每个零件，然后通过装配得到一个产品，这种方法称为自下而上的设计方法，一般用于仿照设计或小幅度的改造设计。

在 CATIA V5 中支持这两种设计方法以及它们的混合应用，并且在进行自上而下的设计时，还可以使零件的相互关系保持外部链接，这样零件无需约束就可以保持相互的位置（或尺寸）关系，当一个零件的设计变更后，与之相关的零件会自动更新，反映改变设计后的装配关系。

通常，零件设计的过程如图 3-1 所示。

图　3-1

3.1.2　主要设计特征简介

零件（Part）是由实体（Body）组成的，各实体通过布尔运算形成零件。实体是特征的集合，特征可以通过草图或曲面生成，也可以通过修饰其他特征生成，或通过变换其他特征生成。特征的类型包括：基础特征、修饰特征、变换特征和布尔特征等。

1. 基础特征

通过基础几何体生成的特征称为基础特征。基础几何体包括草图和曲面，因此，基础特征又分为草图基础特征和曲面基础特征两种。实体中的第一个特征必须是基础特征，通常是草图基础特征。

2. 修饰特征

修饰特征是在已有特征的基础上通过修饰得到的新特征。如圆角、倒角等，这些特征的生成不需要绘制草图或曲面。

3. 变换特征

利用已有的特征，通过镜像、复制或阵列等操作得到的新特征，称为变换特征。

4. 布尔特征

实体间通过布尔运算生成的特征称为布尔特征。这种特征通常在第一个实体下，这个实体也称为零件实体。

3.1.3　零件设计工作台应用

1. 工作台

可以通过多种方法进入零件设计工作台。在 Start（开始）菜单中选择 Mechanical Design（机械设计）>Part Design（零件设计），或建立一个新文件，在 File（文件）菜单中选择 New（新建）命令，在新建文件对话框中选择 Part（零件），单击"OK"，进入零件设计工作台，如图 3-2 所示。

2. 用户界面

零件设计工作台的用户界面如图 3-3 所示，由菜单栏、工具栏、中间的工作区和提示行等组成。工作区包含三部分：三维几何体显示区、零件树和指南针。

零件设计工作台的主要工具栏包括：草图基础特征工具栏（图 3-4）、曲面基础特征工具栏

图　3-2

图　3-3

（图3-5）、修饰特征工具栏（图3-6）、变换特征工具栏（图3-7）和布尔操作工具栏（图3-8）。

图　3-4

图　3-5

图　3-6

图　3-7

图　3-8

任务3.2 草图基础特征应用

【学习目标】

1. 掌握生成各类基础特征的方法，及了解其原理。
2. 掌握创建零件模型的一般过程。

【工作任务】

应用各类基础特征建立相应的实体图形。

【相关知识】

3.2.1 草图及草图平面简介

要建立草图基础特征，可以先绘制草图，也可以先执行建立特征的命令（拉伸、旋转等），然后在对话框中单击草图器工具图标，选择一个草图平面，进入草图器建立草图。

选择草图平面时，可以选择系统内建的平面，即 xy 平面、yz 平面、zx 平面或用户建立的平面，也可以选择实体或曲面上的平面型表面。在一个平面上可以建立多个草图，每个草图相互独立。

一般情况下，要生成特征的草图必须是闭合草图轮廓（特殊情况除外），草图轮廓可以嵌套，但轮廓间不能有重叠或交叉，草图中的约束不能有过约束或错误的约束。

在一个零件中，零件实体（Partbody）中的第一个特征必须是增料特征；在其他实体中的第一个特征，可以是增料特征，也可以是除料特征，但第一个特征一定是基础特征。

3.2.2 拉伸体特征

拉伸体分为两种，一种是增料拉伸，称为凸台（Pad）；另一种是除料拉伸，称为凹槽（Pocket）。

1. 凸台（Pad） 🔧

凸台是通过拉伸草图轮廓生成的基础特征，它通常是创建一个新零件时建立的第一个特征。建立凸台的操作步骤如图 3-9 所示。

1）选择用来拉伸凸台的草图轮廓。

2）单击建立凸台工具图标 🔧，显示凸台定义对话框。

3）定义凸台拉伸参数，可以拖动图标 LIM1 或图标 LIM2 来修改拉伸长度。

图 3-9

4）单击"OK"，即建立拉伸体。

Pad Definition（凸台定义）对话框中包括如下参数：

1）First Limit 定义拉伸长度的限制，可以选择限制方式及其值。

2）选择 Thick 复选框，可拉伸为薄壳，如图 3-10 所示。

3）选择 Mirrored extent 复选框，以草图平面为中心进行对称拉伸，如图 3-11 所示。

4）单击"Reverse Direction"，可翻转拉伸方向。

图　3-10　　　　　　　　　　　图　3-11

2. 凹槽（Pocket）

凹槽是除料拉伸特征，就是在已有的实体上通过拉伸草图去除材料。因此，凹槽与凸台在定义的参数方面基本相同，只是一个是除料，另一个是增料而已。建立凹槽的操作步骤如图 3-12 所示。

1）选择用来拉伸凹槽的草图轮廓。

2）单击建立凹槽工具图标，显示凹槽定义对话框。

3）定义凹槽拉伸参数。

4）单击"OK"，即建立凹槽。

凹槽定义对话框中各个参数的定义方法与凸台拉伸相同。建立凹槽时，可以使用开放轮廓，系统会利用实体的边的投影自动计算草图轮廓。单击"Reverse Side"可以选择去除哪一侧材料。

图　3-12

3. 凸台和凹槽拉伸长度（深度）的限制方法

对草图轮廓进行拉伸（凸台或凹槽，下同）时可以定义两个限制，要定义第二限制，可单击拉伸对话框中的展开对话框按钮"More"，对话框展开，如图3-13所示。First Limit（第一限制）的正方向沿预览图中的箭头方向，Second Limit（第二限制）的正方向与第一限制的方向相反。

图 3-13

凸台和凹槽拉伸的限制方式有以下五种：

1）Dimension：尺寸限制，在Length（Depth）文本框中输入尺寸值。

2）Up to next：用拉伸方向上碰到的第一个对象（实体表面或曲面）限制，如图3-14a所示。在Offset文本框内可以输入一个偏移值，正值是沿拉伸方向增大拉伸长度，负值是减小拉伸长度。

3）Up to last：用拉伸方向上碰到的最后一个对象（实体表面或曲面）限制，如图3-14b所示。在Offset文本框内可以输入一个偏移值，正值是沿拉伸方向增大拉伸长度，负值是减小拉伸长度。

a)   b)

图 3-14

4）Up to plane：用一个选择的平面限制拉伸长度，这时需要在Limit栏中选择一个平面或平面型表面来限制拉伸长度，如图3-15所示。在Offset文本框内可以输入一个偏移值，正值是沿拉伸方向增大拉伸长度，负值是减小拉伸长度。

5）Up to surface：用一个选择的曲面限制拉伸长度，这时需要在Limit栏中选择一个曲面来限制拉伸长度，如图3-16所示，在Offset文本框内可以输入一个偏移值，正值是沿拉伸

图 3-15   图 3-16

方向增大拉伸长度，负值是减小拉伸长度。

使用凸台或凹槽拉伸的两个限制时，可以离开草图平面得到实体或凹槽，如图 3-17 所示。

图　3-17

图 3-18 所示是使用 Up to surface 限制方式，并设置一个偏移值。

图　3-18

4．使用草图的子轮廓

在一个草图中如果有多个闭合轮廓，则每个轮廓都称为这个草图的子轮廓，可以使用草图中的子轮廓来建立特征。要使用草图子轮廓建立拉伸体，可在草图轮廓选择框内单击右键，选择 Go to profile definition（轮廓定义），如图 3-19 所示。显示的定义草图轮廓对话框如图 3-20 所示。

图　3-19

图　3-20

使用草图子轮廓建立拉伸体的操作步骤如下：

1）绘制有多个子轮廓的草图。

2）单击凸台工具图标![icon]，显示凸台定义对话框，在草图轮廓选择框内单击右键，在快捷菜单中选择 Go to profile definition，显示子轮廓定义对话框，如图 3-21 所示。

图 3-21

3）在子轮廓定义对话框中，选择 Sub-elements 选项，在草图中选择一个子轮廓，如图 3-22 所示。

图 3-22

4）定义凸台拉伸参数后，单击"OK"，如图 3-23 所示。

5. 拉伸薄壳

在拉伸凸台或凹槽时，在对话框中选择 Thick 复选框，将用草图拉伸一个薄壳特征。薄壳的厚度在展开的对话框 Thin Pad 中定义，其中，Thickness1 值是向内测量的厚度，Thickness2 值是向外测量的厚度，如图 3-24 和图 3-25 所示。

图 3-23

图 3-24

图 3-25

6. 使用开放轮廓

在拉伸凸台或凹槽时，可以使用开放轮廓，但借助于实体边的投影必须能形成闭合轮廓。虽然在 CATIA V5 中有时可以使用开放轮廓，但在设计实践中最好使用闭合轮廓，这样会使特征的建立更加明确，思路更清晰。

图 3-26 所示是使用开放轮廓拉伸凸台的例子，拉伸哪侧可用图中箭头或单击对话框中的 "Reverse Side" 来翻转，此例中拉伸的长度不能超过槽顶。图 3-27 所示是用开放轮廓拉伸凹槽的例子，在切开一个实体时用开放轮廓作凹槽是较常用的。

图　3-26

图　3-27

7. 沿不垂直于草图平面的任意方向拉伸

在拉伸凸台或凹槽时，默认是沿垂直于草图平面的方向拉伸，也可以沿一个选择的方向拉伸草图，这时要在展开的对话框的 Direction（拉伸方向）中取消选择 Normal to profile，再选择一个方向，如图 3-28 所示。

沿不垂直于草图平面方向拉伸凸台的操作步骤如下：

1）选择要拉伸的草图轮廓。

2）单击凸台工具图标 🗗，在对话框中单击 "More"，展开对话框，取消选择 Normal to profile 复选框。

图　3-28

3）选择拉伸方向，如图 3-29 所示。可以选择直线、坐标轴或平面来决定拉伸方向。如果选择了一个平面，则沿平面的法线方向拉伸。

图　3-29

8. 多重拉伸凸台 🗗（凹槽 🗗）

多重拉伸命令可以把一个草图中的多个轮廓分别拉伸不同的长度（深度），这样就可以一次完成多个轮廓的拉伸操作，操作步骤如下：

1）选择有多个轮廓的草图，如图 3-30 所示。

2）单击多重拉伸工具图标，显示多重拉伸对话框。

3）逐个选择轮廓并定义拉伸长度，如图 3-31 所示。

图　3-30

图　3-31

4）单击"OK"，即建立多重拉伸，如图 3-32 所示。

建立多重拉伸时也可以使用两个限制，或沿一个用户选择的方向拉伸。拉伸多重凹槽的操作方法与拉伸多重凸台相同。

3.2.3　孔特征

在机械零件设计中经常要设计各种孔，如通孔、不通孔、沉头孔、埋头孔、螺纹孔等，在 CATIA V5 中可

图　3-32

以建立各种孔。孔也是草图基础特征，但用户不需要自己绘制草图，系统会自动建立。

1. 孔的定位

建立孔时，定位孔的方法有两种：一是先选择定位孔的参考元素（如实体的边），再执行建立孔命令；二是进入草图器约束孔的位置。

选择参考元素定位孔的操作步骤如下：

1）选择建立孔位置的两条参考边①、②，选择一条圆弧边时，孔会与这个圆弧同心。

2）单击建立孔工具图标。

3）选择要建立孔的表面③，如图 3-33 所示。

图　3-33

4) 定义孔对话框中的参数。

5) 双击修改孔与参考边的尺寸来定位孔,如图 3-34 所示。

图　3-34

孔的中心位置也可以用草图约束来确定,在孔定义对话框中单击草图器工具图标 进入草图器,可以为孔的中心施加几何约束(如同心、重合等)或尺寸约束。

2. 孔深度的限制

孔的深度限制与凹槽一样,有五种限制方式,当用尺寸限制(Blind)时,孔的底部可以选择平底(Flat)或锥形底(V-Bottom),选择锥形底时可以定义锥角。当使用 Up to 方式限制孔深时,可以定义一个偏移值。

3. 孔的类型

在孔定义对话框中,选择 Type (种类) 选项卡,可以定义孔的五种类型:普通孔(Simple)、锥形孔(Tapered)、埋头孔(Counterbored)、沉头孔(Countersunk)和埋头沉孔(Counterdrill)。对各种孔都可以定义参数。其型式如图 3-35 所示。

普通孔　　　　锥形孔　　　　埋头孔　　　　沉头孔　　　　埋头沉孔

图　3-35

4. 建立螺纹孔

在孔定义对话框中,选择 Thread Definition (螺纹定义) 选项卡,选择 Threaded 复选框,可以定义螺纹孔。建立螺纹孔时需要定义以下参数:

1) 螺纹类型(Type):米制细牙螺纹(Metric Thin Pitch)、米制粗牙螺纹(Metric Thick Pitch)和非标准螺纹(No Standard)。

2) 螺纹公称直径(Thread Diameter),也就是螺纹的大径。

3) 螺纹底孔(小径)直径(Hole Diameter)。底孔直径按标准自动计算,也可以使用非标准底孔。

4) 螺纹深度(Thread Depth)。

5) 底孔深度(Hole Depth)。底孔深度必须大于螺纹深度。

6) 螺距(Pitch)。标准螺纹的螺距是自动确定的。

7) 旋向:右旋(Right-Thread)或左旋(Left-Thread)。

螺纹孔建立后，在屏幕上显示的只是一个孔，并不显示螺纹，但螺纹的参数在系统中会有记录，在以后的生成工程图或数控加工时，系统会自动识别螺纹孔，如图 3-36 所示。

图　3-36

3.2.4　旋转体特征

旋转体就是草图轮廓绕一个固定轴线旋转扫掠得到的实体。旋转体可以是增料，也可以是除料，除料旋转通常称为环槽。

1. 旋转体

建立旋转体的操作步骤如下：

1）绘制一个包含轴线的草图，如图 3-37 所示。

2）在零件设计工作台中，单击旋转体工具图标 ，然后选择草图，如图 3-38 所示。在对话框中，定义旋转限制角度 First angle 和 Second angle，或拖动图标 LIM1 或 LIM2 改变限制角度，如图 3-39 所示。

图　3-37

图　3-38

图　3-39

建立旋转体时，可以定义两个角度限制，第一角度（First angle）沿箭头方向旋转，第二角度（Second angle）是沿相反方向。选择 Thick Profile 可以得到薄壁旋转体。

3）单击"Preview"，可预览旋转结果。单击"OK"，即建立旋转体，如图3-40所示。

2. 旋转轴线与草图轮廓

如果在草图中包含旋转轴线，在旋转体对话框中会自动选择这个轴线作为旋转轴，也可以在对话框的 Axis（轴线）选择框中另外选择一条轴线。草图中的直线、三维直线、坐标轴都可以作为旋转轴线。

图 3-40

旋转体与拉伸体类似，通常必须使用闭合草图轮廓，但草图也可以借助于轴线或实体边的投影形成闭合轮廓，草图与轴线不能有交叉。表3-1列举的是草图、轴线及其生成的旋转体。

表 3-1　草图轮廓及其生成的旋转体

草图轮廓	生成的旋转体
轴线在草图轮廓边	实心旋转体
轴线在草图轮廓外	空心旋转体
草图不闭合，借助轴线闭合	旋转体
轴线穿过轮廓	不能生成旋转体
草图不能借助轴线闭合	不能生成旋转体

3. 旋转除料（环槽）

环槽就是通过旋转草图，去除实体上材料的操作。其操作方法与旋转体类似，具体步骤如下：

1）选择环槽的草图轮廓，如图 3-41 所示。简单的除料草图轮廓可以是开放轮廓，草图中可以包含轴线，轴线会自动作为旋转轴。

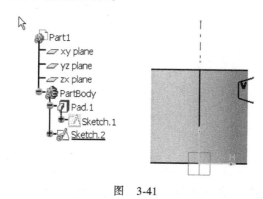

图 3-41

2）单击环槽工具图标，定义环槽对话框中的两个角度限制，如图 3-42 所示。

图 3-42

3）单击"Preview"预览环槽结果，如果环槽方向不正确，可以单击"Reverse Side"，翻转环槽方向。单击"OK"，建立环槽，如图 3-43 所示。

在建立旋转体或环槽时可以使用开放轮廓，系统会利用实体的边或边的投影自动建立轮廓，但通常提倡使用闭合轮廓建立特征，这样会使建立特征的结果更加明确，概念也更清晰。

与拉伸体类似，建立旋转体或环槽时也可以使用草图的子轮廓，使用子轮廓的操作方法与拉伸体相同。

图 3-43

3.2.5 肋特征

所谓肋，就是草图轮廓沿一条曲线路径扫掠生成的实体，这个路径也称为中心线。通常轮廓使用闭合草图，路径则可以是草图也可以是空间曲线；可以是闭合曲线也可以是开放曲线。建立肋的操作步骤如下：

1）在 zx 平面上绘制草图轮廓，在 xy 平面上绘制一条中心线，如图 3-44 所示。

图　3-44

2）单击肋工具图标，在 Profile（轮廓）框中选择 Sketch.1，在 Center curve（中心线）框中选择 Sketch.2，如图 3-45 所示。

图　3-45

3）确定 Profile control（轮廓的控制方式）框中的内容：Keep angle（保持角度）、Pulling direction（平推）或 Reference surface（用参考面）。这里选择保持角度。

4）单击"Preview"可以查看预览，单击"OK"建立肋。

3.2.6　加强肋特征

加强肋常用于一些铸造、注塑壳体等薄壁零件上，其目的是加强局部的刚度和强度。建立加强肋时只能使用开放草图轮廓，在加强肋的上边缘绘制一条开放线即可。建立加强肋时可以沿草图平面延伸（From side），也可以沿垂直于草图平面方向延伸（From top）。建立加强肋的操作步骤如下：

1）在建立加强肋的位置绘制一条草图线，草图线延伸后必须能与零件实体相交，否则会出错，如图 3-46 所示。

2）单击加强肋工具图标，显示加强肋对话框，如图 3-47 所示。

3）在对话框中定义 Thickness（加强肋的厚度）。选择草图线作为加强肋的中线（Neutral Fiber）。如果不选择 Neutral Fiber 复选框，加强肋厚度可能会沿草图的一侧生成，这时单击"Reverse direction"可以翻转加强肋在草图线的另一侧生成。在 Profile（轮廓）选择框内选择草图轮廓，单击对话框中的工具图标![icon]可以进入草图器编辑修改草图。单击"Pre-view"可以预览建立加强肋的结果，单击"OK"生成加强肋，如图 3-48 所示。

图　3-46　　　　　　　　　　图　3-47　　　　　　　　　　图　3-48

3.2.7　沟槽特征

沟槽就是在现有的实体上使一条轮廓线沿中心曲线去除不需要的材料而生成的特征。建立沟槽的操作方法与肋基本相同，操作步骤如下：

1）用草图建立沟槽的轮廓和中心线，如图 3-49 所示。

图　3-49

2）单击沟槽工具图标![icon]，选择轮廓①，再选择中心线②，如图 3-50 所示。

图　3-50

3）选择轮廓控制方式，这里选择保持角度。单击"Preview"，查看沟槽结果，单击"OK"建立沟槽，如图 3-51 所示。

图 3-51

3.2.8 放样体特征

放样也称为变截面实体（Multi-sections solid），可以是增料，也可以是除料。放样时可以有脊线或导引线，如果没有脊线或导引线，系统会使用一条默认的脊线。

放样时一般要使用闭合的截面轮廓，每个截面都有一个闭合点和闭合方向，各截面的闭合点和闭合方向都必须处于正确的方位，否则放样会发生扭曲或出现错误。

放样可以建立形状复杂的实体，也可以在一个零件的两个实体间建立过渡实体。图 3-52 和图 3-53 所示是放样体和除料放样的实例。图 3-52 所示是圆截面过渡到正方形截面的放样体，图 3-53 所示是在长方体上进行除料放样的结果。

图 3-52

图 3-53

下面介绍建立放样体的操作步骤：

1）先建立两个平面。选择 yz 平面，单击建立平面工具图标 ⟋，在对话框中选择建立 Offset from plane（偏移平面），输入 Offset（偏移距离）值"50mm"，选择 Repeat object after OK 复选框，单击"OK"。在 Object Repetition（复制对象）对话框的 Instance（平面数）文本框中输入"1"，单击"OK"，即建立两个平面，如图 3-54 所示。

2）在 yz 平面和新建的两个平面上分别作草图，绘制一个正方形和两个五边形，如图 3-55 所示。

3）单击放样体工具图标 ⟋，显示放样体对话框，在图中依次选择三个截面草图，单击对话框中 Coupling（连接）标签，在 Sections coupling（截面连接）下拉列表中选择 Ratio（按截面图形比率连接），单击"Preview"（预览），如图 3-56 所示。这时可以看到放样体不规则，其主要原因是闭合点不正确，需要将正方形的闭合点改变到上边中间。

4）在正方形截面的图标 Closing point1 处单击右键，在快捷菜单中选择 Remove 命令删除闭合点。再建立一个闭合点，在图标 Section1 上单击右键，选择 Create Closing point（创建闭合点）命令，显示建立点对话框。自动选择 On curve（在曲线上建立点）选项，并显

图　3-54

图　3-55　　　　　　　　　　　　　　　图　3-56

示建立点的预览，选择正方形上边中间位置，单击"OK"，建立一个闭合点，如图 3-57
所示。

图　3-57

5）在第二个截面的闭合点 Closing point2 上单击右键，在快捷菜单中选择 Replace（替
换闭合点）命令，选择上顶点作为闭合点。用同样的方法将第三个截面的闭合点改变到上
顶点，注意闭合方向红色箭头一致。单击"Preview"（预览），结果如图 3-58 所示。然后改

变连接方式，在连接命令中选择连接方式，按顶点连接（Vertices）。单击"Preview"，查看放样的结果，单击"OK"，结果如图3-59所示。

图　　3-58

图　　3-59

1. 放样体使用导引线

在放样时可以使用一条或多条导引线（Guide），这时实体将沿导引线生成。要使用导引线，可在 Guide 选择框内单击鼠标，依次选择导引线。图3-60所示是使用四条导引线放样的结果，图3-61所示是没有使用导引线的放样结果。

图　　3-60

图　　3-61

2. 放样体使用脊线

放样时还可以选择一条脊线（Spine），这时截面将沿脊线扫掠，如图3-62所示。

图　　3-62

3. 放样时的连接方式

单击放样体对话框中的连接（Coupling）标签，如图3-63所示，可以选择四种自动连接方式（图3-64~图3-67）。和一种手动连接方式（图3-68）。

1）Ratio（按截面轮廓比率连接）：在两截面间按截面轮廓的比率连接实体的表面，当各截面的顶点数不同时，常用这种连接方式，如图3-64所示。

2）Tangency（按截面的切线不连续点连接）：按截面曲线的相切不连续点（截面的非光滑过渡尖点）连接实体表面，如图3-65所示。这时各截面的顶点数必须相同。

3）Tangency then curvature（按截面的相切连续、曲率不连续点连接）：按截面轮廓曲线的曲率不连续点连接实体表面，如图3-66所示。各截面的顶点数必须相同。

4）Vertices（按截面的顶点连接）：在截面轮廓的所有顶点处连接实体表面，如图3-67所示。各截面的顶点数必须相同。

图　3-63

图　3-64

图　3-65

图　3-66

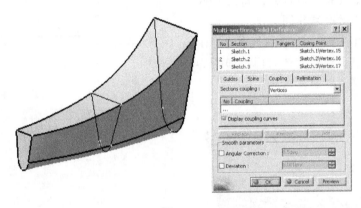

图　3-67

5）手动连接：在连接选项卡中选择 Ratio，并在选择框中双击鼠标左键，在图上选择要连接的顶点，选择 Display coupling curves 复选框，在图中会显示连接线，如图 3-68 所示。

图　3-68

4. 除料放样

除料放样就是通过对多个截面的放样，在实体上去除材料生成的特征。除料放样的操作步骤如下：

1）绘制除料放样的截面轮廓，如图 3-69 所示。

图 3-69

2）单击除料放样工具图标 ，依次选择截面轮廓，如图 3-70 所示。

3）调整闭合点和闭合方向，单击"OK"，即生成除料放样特征，如图 3-71 所示。除料放样时，对话框中各参数的定义方法与放样体相同。

图 3-70

图 3-71

任务 3.3　特征的修饰

【学习目标】

1. 了解修饰特征的定义及类型。

2. 掌握各类修饰特征的建立方式。

【工作任务】

应用多种类型修饰特征设计模块。

【相关知识】

修饰特征就是在已有的特征上，建立一定的修饰形成新的特征。这些修饰包括圆角、倒角、拔模、抽壳、螺纹和增厚面等。

3.3.1 圆角

在 CATIA V5 中，可以对实体作四种圆角：边圆角（Edge fillet）、变半径圆角（Variable radius fillet）、面—面圆角（Face-face fillet）和三切圆角（Tritangent fillet），如图 3-72 所示。

图 3-72

1. 边圆角

边圆角功能可以在实体的棱边上倒圆，就是用一个圆弧面来代替原来的棱边，操作步骤如下：

1）要对已有实体建立圆角，先单击边圆角工具图标 ⬚，显示圆角定义对话框，在 Radius（半径）框中输入圆角半径，如图 3-73 所示。

图 3-73

2）逐个选择要作圆角的边或面。选择一个面意味着选择这个面的全部边线。这里选择上表面和竖直边，单击"OK"建立圆角，如图 3-74 所示。

图 3-74

建立边圆角时要注意的问题如下：

1）当选择一条边时，可以在 Propagation（延续方式）下拉列表中选择 Tangency（相切，图 3-75）或 Minimal（最小的即不延续，见图 3-76）。

2）选择 Trim ribbons（修剪重叠）复选框，会自动修剪两个重叠的圆角，如图 3-77 所示。

图 3-75

图 3-76

3) 如果要选择实体背面的边或面，又不想转动视图，可以在要选择的对象附近，按 <Alt>键并单击鼠标（或把光标放在要选择的对象附近，按键盘的<↑>或<↓>键），这时会显示一个局部放大镜，按键盘<↑>或<↓>键，在放大镜中显示要选择对象的预览时，单击鼠标就选中了该对象，如图 3-78 所示，选择实体背面的竖直边。

图 3-77

图 3-78

4) Edge(s) to keep（圆角时保持棱边）选项。当边圆角时，如果选择的圆角半径较大，如大于实体特征的厚度，按常规方法圆角时，上棱边会发生移位，这时系统会出现一个提示，问是否要指定保持一个棱边，如果选择"是"，需要编辑这个圆角并选择一个要保持的棱边；如果选择"否"，系统会试图求解一个圆角，如图 3-79 所示。

图 3-79

5) 圆角延伸的限制。可以使用平面、表面或曲面来限制圆角的延伸，使限制面的一侧圆角而另一侧不圆角，如图 3-80 所示。也可以用点来限制圆角的延伸，选择的点必须在圆角的棱边上，这就需要在要圆角的棱边上用在曲线上建立点（On curve）的命令先建立一个或几个点。

2. 变半径圆角

变半径圆角功能与边圆角类似，不过在对棱边圆角时，圆角半径可以是变化的。在棱边上可以选择几个控制点，在每个控制点处可以设置不同的圆角半径，在两个控制点间圆角半径可以按三次或线性规律变化。建立变半径圆角的操作步骤如下：

图 3-80

1）选择要圆角的边，单击变半径圆角工具图标 ，显示变半径圆角对话框，在对话框中定义 Variation（半径变化规律），可以选择 Cubic（三次）和 Linear（线性），如图 3-81 所示。

图 3-81

2）在图中可以看到圆角边的端点处显示圆角半径值，双击这个值可以修改。在圆角边上有点或顶点处，都可以设置圆角半径，如图 3-82 所示。

图 3-82

3）如果要在圆角边的某个位置上设置圆角半径，可以先在棱边上建立点，在对话框中单击点选择框（Points）并选择建立的点，在这个点处会显示圆角半径值，双击这个值就可以修改它，如图 3-83 所示。

图 3-83

4）也可以建立平面，单击点选择框（Points），并选择建立的平面，系统会自动计算平面与圆角边的交点，在这些交点处可以设置圆角半径，如图3-84所示。单击"OK"，即建立圆角，如图3-85所示。

图 3-84　　　　　　　　　　　　　　　　　　　图 3-85

在建立变半径圆角时，单击"More"展开对话框，可以选择保持棱边、圆角时保持角度或平推（这时需要选择一条脊线Spine）和其他限制元素。

3. 面—面圆角

可以在两个曲面间建立一个过渡曲面圆角。建立面—面圆角时，圆角半径应小于最小曲面的高度，并大于曲面间最小距离的1/2。建立面—面圆角的操作步骤如下：

1）单击面—面圆角工具图标，显示Face-Face Fillet Definition（面—面圆角）对话框。

2）输入圆角半径，单击"OK"建立圆角，如图3-86所示。

图 3-86

在建立面-面圆角时，单击"More"展开对话框，在对话框中可以设置限制元素，还可以选择一条控制线（Hold curve）和脊线（Spine）。

4. 三切圆角

三切圆角就是在三个选择的平面中去除一个面，然后用一个过渡半圆弧面来代替这个面。操作步骤如下：

1）单击三切圆角工具图标，选择两个要圆角的侧表面（Faces to fillet），再选择要去除的上表面，如图3-87所示。

2）单击"OK"，即建立三切圆角，如图3-88所示。

图 3-87　　　　　　　　　　　　　　　　　　　图 3-88

在三切圆角对话框中，单击"More"展开对话框，可以选择限制元素。

3.3.2 倒角

倒角就是用一个斜面来代替尖角。倒角的操作步骤如下：

1）单击倒角工具图标 ，显示 Chamfer Definition（倒角）对话框。

2）选择要倒角的边。可以选择边或面，选择面意味着选择这个面的所有边。

3）选择倒角的模式（Mode）。可以选择两种模式：倒角边长/角度（Length1/Angle）或边长/边长（Length1/Length2）。输入对应的边长或角度，单击"OK"建立倒角，如图3-89所示。

图 3-89

建立倒角时也可以设置选择边的延续方式：相切延续或最小。如果是非对称倒角，单击预览图中的箭头，或选择对话框中的 Reverse（翻转）复选框，可以翻转倒角边方向。

3.3.3 拔模

对于铸造、模锻或注塑零件，为了便于模具与零件的分离，需要在零件的拔模面上制出一个斜角，这个角称为拔模角。如一个正方体施加拔模角后会形成一个台体，形成台体时，可以是添加材料，也可以是减少材料，这取决于拔模操作时拔模角的应用。

拔模相关的基本定义如下：

1）拔模方向：模具与零件分离的方向，在图中用橘黄色箭头表示。

2）拔模角：拔模面与拔模方向间的夹角，拔模角可以为负值。

3）中性面：拔模前后大小和形状保持不变的面。

4）中性线：中性面与拔模面的交线，拔模前后中性线的位置不变。

在 CATIA V5 中有四个拔模命令：拔模角（Draft Angle）、变拔模角拔模（Variable Daft）、反射线拔模（Draft Reflect Line）和高级拔模（Advanced Draft）。下面分别介绍这四个拔模命令。

1. 拔模角

执行这个命令可以对拔模面沿拔模方向施加一个拔模角，这就需要选择一个中性面，用中性面来确定拔模面，也可以用中性面作为拔模的分界面，并可以双向拔模。施加拔模角操作步骤如下：

1）单击拔模角工具图标 ⬡，显示 Draft Definition（定义拔模）对话框。

2）选择周围表面为拔模面，拔模面显示为暗红色，如图3-90所示。

3）单击中性面选择框（Neutral Element），选择上表面作为中性面，中性面显示为

图 3-90

蓝色。

4）确认拔模方向。可以选择一条线或一个平面来确定拔模方向，如图 3-91 所示，如果方向不正确，可以单击橘色箭头翻转方向。

图 3-91

5）单击"OK"，即建立拔模角，如图 3-92 所示。

图 3-92

建立拔模角时应注意的问题如下：

1）在拔模对话框中，如果选择 Selection by neutral face（按中性面来确定拔模面）复选框，只需选择一个中性面，不用选择拔模面，与中性面相交的面都会自动选择为拔模面，如图 3-93 所示。

2）拔模时可以选择一个平面或曲面作为拔模时的分界面，使分界面的一侧拔模，另一侧不拔模。如图 3-94 和图 3-95 所示，选择上表面作为中性面，中间的 xy 平面作为分界面。

图 3-93

图 3-94

3）可以双向拔模，但这时只能选择中性面（如图 3-96 中选择 xy 平面）作为分界面
（Parting = Neutral），选择 Draft both sides（双向拔模）复选框，结果如图 3-96 所示。

图 3-95　　　　　　　　　　　　　　　　图 3-96

4）选择中性面时可以确定中性面的延伸方式：不延伸（None，见图 3-97）和光滑过渡
延伸（Smooth，见图 3-98）。

5）拔模时还可以使用限制元素（Limiting element），如图 3-99 所示，用两个平面作为
限制面。

图　3-97　　　　　　　　　图　3-98　　　　　　　　图　3-99

2. 变拔模角拔模

变拔模角拔模功能与变半径圆角功能类似，沿拔模中性线拔模角可以是变化的，中性线上的点、顶点或平面与中性线的交点都可以作为控制点来定义拔模角。变拔模角拔模操作步骤如下：

1）单击变拔模角拔模工具图标 ，或单击拔模角工具图标后在对话框中选择变拔模角拔模图标 Draft Type: 。

2）如图 3-100 所示，选择侧面作为拔模面，上表面作为中性面，选择中性线上圆弧与直线的两个交点作为控制点。

图　3-100

3）双击中性线上的四个控制点，分别修改拔模角为 15°、5°、20° 和 10°，如图 3-101 所示。

图　3-101

4）单击 "OK"，即建立拔模，如图 3-102 所示。

图　3-102

建立变拔模角拔模也可以使用分界面和限制元素。

3. 反射线拔模

反射线拔模就是用曲面的反射线作为中性线拔模。操作步骤如下：

1）单击反射线拔模工具图标 ，选择圆角曲面作为拔模面，选择上表面作为拔模方向，单击"Preview"（预览），如图3-103所示。

图 3-103

2）单击"OK"，即建立反射线拔模，如图3-104所示。

建立反射线拔模时也可以使用分界面和限制元素。

4. 高级拔模

Advanced draft（高级拔模）命令用于复杂零件的拔模，使用这个命令可以进行单侧或双侧拔模。双侧拔模时可以选择不同的拔模角和不同的中性面，也可以进行反射线拔模。

图 3-104

在 Draft Definition（Advanced）（高级拔模）对话框中有三个选项卡，分别定义 1st Side（第一侧）和 2nd Side（第二侧）拔模的拔模角、拔模面、中性面和拔模方向，还可以选择 Parting Element（分界面）和限制元素，如图3-105所示。

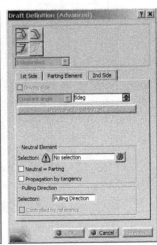

图 3-105

可用对话框中的四个按钮来控制拔模方式，左边两个按钮控制普通拔模（单侧或双侧），右边两个按钮控制反射线拔模（单侧或双侧）。

（1）普通拔模　建立普通拔模操作步骤如下：

1）建立长方体，并在长方体内建立三个平面，如图3-106所示。

2）在任意工具栏上单击右键，选择 Advanced dress-up further 命令，显示高级拔模工具栏。在工具栏上单击高级拔模工具图标 ⬦，显示高级拔模对话框。在对话框中单击左边两个按钮，进行双侧拔模。

图　3-106

3）定义 1st Side（第一侧）拔模选项卡，输入拔模角15°，选择四个侧面作为拔模面，选择中间平面作为中性面（Neutral Element），如图3-107所示。

图　3-107

4）单击 Parting Element（分界面）标签，选择 Use parting element 复选框，选择 Plane.1（上平面）作为分界面，如图3-108所示。

图　3-108

5）单击 2nd side（第二侧）标签，输入拔模角20°，选择 Plane.2（下平面）作为中性面，如图3-109所示。

6）单击"OK"，即建立拔模，如图3-110所示。

（2）反射线拔模　建立反射线拔模的操作步骤简述如下：

1）建立一个有圆角的长方体，在长方体内建立一个平面。单击高级拔模工具图标 ⬦，

图 3-109

图 3-110

并单击对话框中右边两个按钮进行反射线拔模，如图 3-111 所示。

图 3-111

2）选择上圆角面作为第一侧拔模中性面，输入拔模角 25°，拔模方向向上；单击分界面标签，选择中间平面作为分界面；单击第二侧标签，选择下圆角面作为第二侧拔模中性面，如图 3-112 所示。

3）单击"OK"，即建立拔模，如图 3-113 所示。

图 3-112   图 3-113

在进行反射线双向拔模时，两侧的拔模角有以下三种控制方式：

1）Independent：可以双侧分别设置拔模角，这也是默认方式。

2）Drive/Driven：用一侧的拔模角驱动另一侧的拔模角。

3）Fitted：设置第一侧的拔模角，系统为第二侧自动计算一个合适的拔模角。

3.3.4 增厚

增厚就是在原有实体的表面增加或去除一个厚度。增厚的厚度值为正值时，实体表面的厚度增加，即添加材料；增厚的厚度值为负值时，实体表面的厚度减小，即去除材料。增厚操作步骤如下：

1）零件如图 3-114 所示，为有缺口的侧面增厚。单击增厚工具图标，选择缺口右侧表面作为默认增厚面（Default thickness faces），输入默认增厚的厚度"25mm"，如图 3-114 所示。

图 3-114

2）单击 Other thickness faces（其他增厚面）选择框，选择缺口左侧表面，输入厚度值"15mm"，如图 3-115 所示。

图 3-115

3）单击"OK"，即建立增厚，如图 3-116 所示。

图 3-116

双击预览图增厚面的数字，可以修改这个面上增厚的厚度。

3.3.5 螺纹

执行螺纹和螺纹孔命令既可以建立外螺纹，也可以建立内螺纹。用这个命令建立的螺纹特征在三维实体上不显示（主要是为了提高显示性能），但在特征树上会记录螺纹的参数，在以后的制造加工或生成工程图时，系统会自动识别螺纹。

若想查看实体中的螺纹，可以使用螺纹分析命令。建立图 3-117 所示零件的圆柱①和孔③螺纹的操作步骤如下：

1）单击螺纹工具图标⊕，显示定义螺纹对话框，选择圆柱①的表面为开螺纹面（Lateral Face），选择圆柱的上表面作为螺纹的开始端（Limit Face），如图 3-118 所示。如果预览中开螺纹的方向不正确，单击"Reverse Direction"翻转方向。

图 3-117

2）定义螺纹类型和参数。选择类型（Type），默认可以选择米制细牙螺纹（Metric Thin Pitch）、米制粗牙螺纹（Metric Thick Pitch）和非标准螺纹（No Standard）。例如选择米制粗牙螺纹，选择螺纹的公称直径（Thread Description），默认情况下，系统会根据圆柱直径自动选择相应的公称直径（例如 M20），输入螺纹长度（Thread Depth）"40mm"，选择螺纹为右旋（Right-Threaded），单击"Preview"（预览），如图 3-118 所示。

图 3-118

3）单击"OK"，建立外螺纹，并在特征树上显示螺纹特征，如图 3-119 所示。

4）为孔③建立内螺纹。单击螺纹工具图标⊕，选择孔③内圆柱表面为开螺纹面，选择长方体上表面为螺纹开始端，选择米制粗牙螺纹，公称直径为 M20，螺纹深度（Thread Depth）为 34mm，定义为右旋螺纹，单击"Preview"（预览），如图 3-120 所示。

5）单击"OK"，建立内螺纹，并在特征树上显示螺纹孔特征，如图 3-121 所示。

图 3-119

图 3-120

图 3-121

6）单击螺纹分析工具图标 ，显示螺纹分析对话框，单击对话框中的"Apply"（应用），图中有螺纹处加亮显示，并显示螺纹的公称直径，如图 3-122 所示。

图 3-122

通常在建立孔时就可以建立螺纹孔，这时的底孔直径可以自动计算。

任务3.4 实体特征及编辑

【学习目标】

1. 了解实体特征的创建及编辑。
2. 掌握特征变化的应用。

【工作任务】

应用多种类型特征变化生成实体。

【相关知识】

3.4.1　移动实体

移动实体命令可以将当前实体（Body）在三维空间中沿给定的方向，移动一个距离。

定义移动距离和方向矢量有三种方式：

1）Direction，Distance：选择一个方向（可以选择一条直线或一个平面），并输入移动距离。

2）Point to point：从一点到另一点来定义移动的方向和距离。

3）Coordinate：用坐标来定义沿 x、y、z 坐标方向移动的距离。

移动实体操作的步骤如下：

1）单击移动实体工具图标，这时系统显示一个警告框，如图 3-123 所示，问是否要用这个命令来移动实体，如果不用这个命令，也可以用指南针或三维约束来移动实体。单击"是"，继续移动实体，显示移动定义对话框。

图　3-123

2）选择移动矢量的定义方式：Direction（方向），Distance（距离）；Point to point（点对点）或 Coordinate（关联）。这里选择用一个方向和距离来定义移动矢量，选择右侧面为移动方向，输入移动距离"125mm"，如图 3-124 所示。

图　3-124

3）单击"OK"，实体向右移动 125mm。

实体的旋转、对称命令这里不再介绍，读者可以自己练习使用。

3.4.2　镜像

镜像命令既可以镜像实体也可以镜像一个或几个特征。在建立对称特征时，这个命令较常用，因为使用这个命令可以减少重复劳动并提高建模速度。

如果要镜像特征，在执行命令前要在特征树上选择特征（选择多个特征时要同时按住 <Ctrl> 键）。如果不选择特征，则镜像当前实体（Body）。

建立镜像时的镜像面只能选择平面或平面型表面。建立镜像操作步骤如下：

1）在树上选择要镜像的特征（选择多个特征时要按<Ctrl>键），如果不选择特征，则镜像当前实体，选择图 3-125 所示耳片凸块和耳片上的孔特征。

图　3-125

2）单击镜像工具图标，显示镜像对话框，选择一个镜像平面即 yz 平面，单击"OK"，即建立镜像特征，如图 3-126 所示。

建立的镜像在树上标记为镜像特征。在树上单击右键，然后在快捷菜单中选择镜像对象下的 Explode（炸开）命令，可以炸开特征而转换为实体特征。通常，变换特征不能再变换，如需变换，需要炸开变换特征。

图　3-126

3.4.3　阵列

1. 矩形阵列

阵列就是按一定的规律复制特征。矩形阵列就是将一个或几个特征按行和列的方式重复复制。例如在一个长方体上复制 5 行 4 列孔，操作步骤如下：

1）选择要复制的孔特征（可以选择多个特征），如图 3-127 所示。

2）单击矩形阵列工具图标，显示 Rectangular Pattern Definition（矩形阵列）对话框。

3）在对话框中定义第一方向（行）参数。在 Parameters（参数）下拉列表中选择 Instance（s）& Spacing（引用数与间距），输入 Instance（s）（引用数）值"5"，Spac-

图　3-127

ing（间距）值"20mm"。单击 Reference Direction（参考方向）选择框，选择长方体的长边作为参考方向，如果预览的方向不正确，单击对话框中的"Reverse"翻转方向，如图 3-128 所示。

4）单击 Second Direction（第二方向）标签，定义第二方向（列）参数。在 Parameters（参数）下拉列表中选择 Instance（s）& Spacing（引用数与间距），输入 Instance（s）（引

图 3-128

用数）值 "4"，Spacing（间距）"20mm"。单击 Reference Direction（参考方向）选择框，选择长方体的短边作为参考方向，如果预览的方向不正确，单击对话框中的 "Reverse" 翻转方向，如图 3-129 所示。

图 3-129

5）单击 "Preview"（预览）查看阵列的结果，如果不想生成阵列中的某个孔，可以单击这个孔预览中的圆点，这个孔将不生成，如图 3-130 所示。

6）单击 "OK"，即建立阵列特征，如图 3-131 所示。

图 3-130

图 3-131

建立阵列时要注意以下几个问题：

1）Keep specifications（保留技术规范）。选择 Keep specifications 复选框，阵列对象将保留原对象的长度限制规范（如 Up to next、Up to plane 等）。图 3-132 和图 3-133 中右侧第一个是原对象，圆柱在拉伸时用 Up to surface 限制长度，不选择 Keep specifications 的结果如图 3-132 所示，选择 Keep specifications 的结果如图 3-133 所示。

图 3-132   图 3-133

2）阵列时，默认原对象作为第一行和第一列对象，如果不想这样，可以单击对话框中的"More"按钮来展开对话框，设置原对象作为其他行或列对象（Row in direction 1、Row in direction 2），也可以为行和列方向旋转一个角度（Rotate angle）。

2. 环形阵列

环形阵列就是将一个实体或特征进行旋转复制，可以复制一圈，也可以复制多圈。建立环形阵列的操作步骤如下：

1）选择要阵列的小圆柱和圆角特征，单击环形阵列工具图标 ✿，显示 Circular Pattern Definition（环形阵列定义）对话框，如图 3-134 所示。

图 3-134

2）在对话框的 Parameters（参数）下拉列表中选择 Complete crown（整圈阵列），输入 Instance（s）（阵列数）"6"，单击 Reference element（参考轴线）选择框，选择圆柱体，用圆柱体的轴线作为旋转轴，单击"Preview"（预览），如图 3-135 所示。

3）选择对话框的 Crown Definition（圈数定义）选项卡，在 Parameters（参数）下拉列表中选择 Circle & circle spacing（圈数与圈间距），输入 Circles（圈数）"2"，Circle spacing（圈间距）"-40mm"（正值向外，负值向内），单击"Preview"（预览），如图 3-136 所示。单击阵列预览对象中的小圆点，这个对象将不生成。

4）单击"More"展开对话框，可以选择引用的对象是否旋转复制（Rotation of instance），单击"OK"，即生成环形阵列。

3. 自定义阵列

建立自定义阵列时，需要先在阵列实体或特征的位置上用草图点标示，阵列时将在草图点的位置上生成特征或实体。自定义阵列操作步骤如下：

图　3-135　　　　　　　　　　　　　　　图　3-136

1）在实体上表面要阵列孔的位置上绘制草图点，如图 3-137 所示。

图　3-137

2）选择要阵列的特征（可以复选），这里选择孔。单击自定义阵列工具图标 ，选择定义阵列点的草图，单击"Preview"（预览），如图 3-138 所示。

图　3-138

3）单击"OK"，即建立自定义阵列。

在自定义阵列中可以选择一个锚点（Anchor）来定位阵列对象，如果不选择锚点，默认用选择对象的几何中心作为定位点。锚点可以用一个点，也可以是阵列原对象上的一个顶点。

阵列后的对象是一个阵列特征，要修改其中的某一个特征就需要炸开阵列，将阵列特征转变成与原对象同样的特征。在树上右键单击要炸开的阵列，在快捷菜单中的阵列对象下选择 Explode（炸开）命令，阵列炸开成为特征（或实体）。

3.4.4　复制和粘贴

在 CATIA V5 中可以使用复制（剪切）和粘贴命令，复制（剪切）和粘贴时可以使用拖动方式。例如六棱柱凸块的周边侧面有拔模，上面作了圆角，要把这些特征复制并粘贴到左边的矩形草图上，操作步骤如下：

1）建立图 3-139 所示六棱柱，并作拔模和圆角。

2）在长方体的上表面作有圆角的矩形草图。

3）在树上右键单击六棱柱凸块特征，在快捷菜单中选择 Copy（复制）命令，然后在草图 Sketch.3 上单击右键选择 Paste（粘贴）命令，草图上生成方形凸块，如图 3-140 所示。

图 3-139

图 3-140

4）在几何体或树上，按 <Ctrl> 键拖动六棱柱的拔模到方形凸块的侧面，凸块生成拔模，如图 3-141 所示。拖动时，按 <Ctrl> 键是复制粘贴，不按 <Ctrl> 键是剪切粘贴。

5）拖动圆角的同时按 <Ctrl> 键，放到方形凸块的上表面或上面的棱边上，如图 3-142 所示。

完成复制粘贴后，结果如图 3-143 所示。

图 3-141

图 3-142

图 3-143

3.4.5　插入实体

在零件设计工作台中，默认在一个零件下只有一个实体，这个实体称为零件实体（Part body）。要插入新的实体，只需在 Insert（插入）下拉菜单中，选择 Body（实体）命令，插入的实体默认命名为 Body.2、Body.3、…，并且将这个实体作为当前实体，新建立的特征会在这个实体中。

在 CATIA V5 中，当前操作的实体或特征在树上是有下划线的。以后生成的特征会排序在下划线特征之后。要改变当前工作的实体或特征，可在树上右键单击要作为当前工作对象的特征或实体，在快捷菜单中选择 Define In Work Object 命令即可。

3.4.6　各类实体间的布尔运算

建立完成的实体间可以进行布尔运算，可以在实体间进行组合（Assemble）、求和（Add）、求差（Remove）、求交（Intersect）、合并修剪（Union Trim）和去除残留（Lumps）等操作，下面介绍这些布尔运算的操作方法。

1. 组合（Assemble）

用组合命令可以把两个实体合并为一个实体。组合时，如果两个实体都是增料特征，就把两个实体合并生成一个组合特征；如果其中一个实体中有除料特征，则在生成的特征中去除除料特征的材料。这个功能类似于求两个实体的代数和，增料特征的材料为正，除料特征的材料为负。组合操作的步骤如下：

1）在零件实体（Part body）下，选择 xy 平面作一个矩形草图，建立一个长方体凸块特征，然后选择 Insert（插入）菜单下的 Body（实体）命令，插入一个新实体 Body.2。选择 xy 平面绘制一个圆，退出草图器，建立一个凹槽特征，如图 3-144 所示。

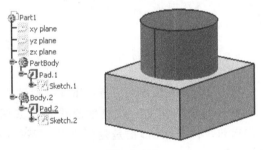

图　3-144

2）在树上右键单击 Body.2，在快捷菜单中选择 Body.2 Object > Assemble 命令，如图 3-145 所示。在 Body.2 下生成一个布尔特征，即组合特征，如图 3-146 所示。Body.2 是一个除料特征，因此，长方体中间得到一个孔。

图　3-145

图　3-146

2. 求和（Add）

求和命令与组合命令类似，不同的是无论实体中是增料特征还是除料特征，都把它们加起来，形成一个和特征。这个功能类似于把两个实体的绝对值加起来。操作步骤与组合相同，上例中若选择 Add（求和）命令后得到的结果如图 3-147 所示。

3. 求差（Remove）

求差就是从一个实体中减去另一个实体。求差操作步骤如下：

1）在零件实体（Part body）下，选择 xy 平面作一个矩形草图，建立一个长方体凸块特征，然后选择 Insert 菜单下的 Body 命令，插入一个新实体 Body.2。选择 yz 平面绘制一个圆，退出草图器，建立另一个凸块特征，如图 3-148 所示。

图 3-147

2）在树上右键单击 Body.2，在快捷菜单中选择 Body.2 Object>Remove 命令。在 PartBody 下生成一个布尔特征——差特征，如图 3-149 所示，中间得到一个孔。

图 3-148

图 3-149

4. 求交（Intersect）

求交就是将两个实体中相交（共同占据的空间）的部分保留，删除其余部分。求交操作步骤如下：

1）在零件实体（Part body）下，选择 xy 平面作一个草图，建立一个凸块特征，然后选择 Insert 菜单下的 Body 命令，插入一个新实体 Body.2。选择 yz 平面绘制另一个草图，退出草图器，建立另一个凸块特征，如图 3-150 所示。

2）在树上右键单击 Body.2，在快捷菜单中选择 Body.2 Object>Intersect 命令。在 PartBody 下生成一个布尔特征——交特征，如图 3-151 所示。

图 3-150

图 3-151

5. 组合修剪（Union Trim）

组合修剪就是将两个实体求和后，把其中的一部分修剪掉。组合修剪操作步骤如下：

1）在图 3-150 中，把两个实体求和后修剪掉右侧部分实体。在 Body.2 上单击右键，在快捷菜单中选择 Body.2 Object>Union Trim 命令，显示图 3-152 所示对话框，对话框中有两个选择框：要去除的面（Faces to remove）和要保留的面（Faces to keep），单击要去除的面选择框，选择右侧面。

图　3-152

2）单击"OK"，在 PartBody 下生成组合修剪特征，如图 3-153 所示。

图　3-153

6. 去除残留（Lumps）

有时，在做完布尔运算后，在实体中可能会残留有孤立实体或空穴，用这个命令可以把这些残留去除。具体操作步骤如下：

1）在 PartBody 下建立一个长方体凸块，在 Body.2 下建立一个圆柱凸块，如图 3-154 所示。

图　3-154

2）选择 Body.2 求差，从 PartBody 中减去 Body.2，如图 3-155 所示。这时有两个角残留在 PartBody 中，需要把这两个孤立的角去除。

3）在树上右键单击 PartBody，在快捷菜单中选择 PartBody>Remove Lumps 命令。在对

图 3-155

话框中单击 Faces to remove 选择框，选择两个残留小块，如图 3-155 所示，或单击 Faces to keep 选择框，选择右侧大块，单击"OK"，残留被去除，如图 3-156 所示。

图 3-156

在进行组合或求和操作时，可以同时操作多个实体（按住<Ctrl>键复选）。在布尔运算后生成的特征上单击右键，可以选择改变布尔运算类型。

任务3.5 应用实例

【学习目标】

掌握零件设计的各种命令及其特征的应用。

【工作任务】

使用特征命令生成实体。

【相关知识】

减速器机盖的设计步骤如下：

1）选择 Start（开始）>Mechanical Design（机械设计）>Part Design（零件设计）命令，如图 3-157 所示，新建一个零件。

以 xy 平面为草图设计的参考平面，单击 Sketch 进入草图模式并生成草图，如图 3-158 所示。

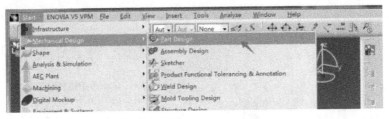

图 3-157

2）单击退出草图工具图标 ⬆，离开草图模式。单击凸台工具图标 ⬈，在弹出的 Pad Definition（定义凸台）对话框的 Length 文本框中输入"51mm"，单击命令"Mirrored extent"进行双向拉伸，如图 3-159 所示。

3）单击抽壳 ⬡ Shell...，选择指定界面进行抽壳。在对话框的 Default inside thickness 文本框中输入"8mm"，如图 3-160 所示。

图 3-158

图 3-159

图 3-160

4）以 xz 平面为草图设计的参考平面，单击 ⬈ Sketch 进入草图模式并生成草图，如图 3-161 所示。

图 3-161

5）单击退出草图工具图标 ⬆，离开草图模式。单击凸台工具图标 ⚡，在弹出的 Pad Definition（定义凸台）对话框的 Length 文本框中输入"12mm"，拉伸方向为 z 方向，如图 3-162 所示。生成实体模型，如图 3-163 所示。

图 3-162

6）以 xy 平面为草图设计的参考平面，单击 ✏ Sketch 进入草图模式并生成草图，如图 3-164 所示。

图 3-163

图 3-164

7）单击退出草图工具图标 ⬆，离开草图模式。单击凸台工具图标 ⚡，在弹出的 Pad Definition（定义凸台）对话框的 Length 文本框中输入"91mm"和"−51mm"，拉伸方向为 z 方向，如图 3-165 所示。生成实体模型，如图 3-166 所示。

图　3-165

8）单击镜像工具图标 ，弹出定义镜像对话框。选
择 xy 平面作为对称平面，选择步骤7）中生成的实体为镜
像对象，如图 3-167 所示。单击"OK"，完成镜像操作，
如图 3-168 所示。

9）单击圆角工具图标 ，在弹出的圆角定义对话框
中设定半径为"6mm"，选择底座抽壳内部圆弧框为圆角
对象，如图 3-169 所示。单击"OK"确定，完成圆角操
作，如图 3-170 所示。

图　3-166

图　3-167　　　　　　　　　　　　　　　图　3-168

图　3-169　　　　　　　　　　　　　　　图　3-170

10）以 xy 平面为草图设计的参考平面，单击
 进入草图模式并生成草图，如图 3-171 所示。

11）单击退出草图工具图标 ，离开草图模式。
单击凸台工具图标 ，在弹出的 Pad Definition（定

图　3-171

义凸台）对话框的 Length 文本框中输入"98mm"和"-51mm"，拉伸方向为 z 方向，如图 3-172 所示。生成实体建模，如图 3-173 所示。

12）单击镜像工具图标 ，弹出定义镜像对话框。选择 xy 平面作为对称平面，选择步骤 11）中生成的实体为镜像对象，如图 3-174 所示。单击"OK"，完成镜像操作，如图 3-175 所示。

图 3-172

图 3-173

图 3-174

图 3-175

13）以 xy 平面为草图设计的参考平面，单击 Sketch 进入草图模式并生成草图，如图 3-176 所示。

14）单击退出草图工具图标 ，离开草图模式。单击凹槽工具图标 ，在弹出的 Pocket Definition（定义凹槽）对话框的 Depth 文本框中输入"100mm"和

图 3-176

"100mm"，凹槽方向为 z 方向，如图 3-177 所示。生成实体建模，如图 3-178 所示。

图 3-177

图 3-178

参见上述步骤完成草图绘制，建立凸台、镜像和凹槽，并生成实体建模，如图3-179所示。

图　3-179

15）单击拔模工具图标 进行拔模，在角度文本框中输入"6deg"，选择矢量z作为拔模方向。选择图3-180所示的端面为固定平面，选择图3-180所示的轴承孔为拔模面。单击"OK"，获得实体建模，如图3-181所示。

图　3-180

16）参见步骤15）做其他位置的拔模。最后获得实体，如图3-182所示。

17）以图3-183中所选择的平面为草图设计的参考平面，单击 Sketch 进入草图模式并生成草图，如图3-183所示。

图 3-181

图 3-182

图 3-183

18）单击退出草图工具图标 ，离开草图模式。单击凸台工具图标 ，在弹出的 Pad Definition（定义凸台）对话框的 Length 文本框中输入"5mm"，如图 3-184a 所示。单击 "OK"，生成实体建模，如图 3-184b 所示。

a)

b)

图 3-184

19）以图 3-185 中所选择的平面为草图设计的参考平面，单击 Sketch 进入草图模式并生成草图，如图 3-185 所示。

20）单击退出草图工具图标 ，离开草图模式。单击凹槽工具图标 ，在弹出的 Pocket Definition（定义凹槽）对话框的 Depth 文本框中输入"50mm"，如图 3-186a 所示。单击"OK"，生成实体建模，如图 3-186b 所示。

21）分别绘制图 3-187 所示草图，并拉伸相应草图生成实体建模，如图 3-188 所示。

图 3-185

a)   b)

图 3-186

图 3-187

图 3-188

22）单击 ▪ 创建点，定义六个坐标分别为（-70，45，-73）、（-70，45，73）、（80，45，73）、（80，45，-73）、（80，45，-73）、（80，45，73）。获得台阶上六个孔的圆心，如图 3-189 所示。

图　3-189

23）单击 ◉ 创建沉头孔，设定孔的直径为"13mm"，顶锥角为"118deg"，沉头孔直径为"30mm"，沉头孔深度为"2mm"。选择步骤22）所创建的点，单击"OK"，获得实体建模，如图 3-190 所示。

图　3-190

24）单击 ▪ 创建点，定义两个坐标分别为（-156，12，-35）、（-156，12，35），如图 3-191 所示。

图　3-191

25）单击 ⊙ 创建沉头孔，设定孔的直径为"11mm"，顶锥角为"118deg"，沉头孔直径为"24mm"，沉头孔深度为"2mm"。选择步骤 24）所创建的点，单击"OK"，获得实体建模，如图 3-192 所示。

26）单击 ▪ 创建点，定义两个坐标分别为（-110，12，-65）、（244，12，35），如图 3-193 所示。

图　3-192　　　　　　　　　　　　　　　图　3-193

27）单击 ⊙ 创建简单孔，如图 3-194a 所示设定孔的直径为"8mm"，顶锥角为"118deg"，孔的深度为"50mm"。选择步骤 26）所创建的点，单击"OK"，获得实体建模，如图 3-194b 所示。

a)

图　3-194

b)

图 3-194（续）

28）单击 📦 创建圆角，在 Radius 文本框中输入半径为"44mm"，如图 3-195a 所示。选择底座的四条边，进行圆角操作，单击"OK"，效果如图 3-195b 所示。

a)

b)

图 3-195

29）选择图 3-196 所示凸台的边进行圆角。圆角半径为"5mm"，单击"OK"。

图 3-196

30）选择图 3-197 所示吊耳的边进行圆角。圆角半径为"18mm"，单击"OK"。

31）选择图 3-198 所示窥视孔的边进行圆角。圆角半径为"15mm"，单击"OK"。

32）选择图 3-199 所示窥视孔的边进行圆角。圆角半径为"5mm"，单击"OK"。

图　3-197

图　3-198

图　3-199

生成实体建模，如图 3-200 所示。

图　3-200

33）创建点，并在点上建立螺纹孔。设定孔的直径为"8mm"，顶锥角为"118deg"，孔的深度为"15mm"，如图3-201所示。

图　3-201

34）单击 阵列孔，选择步骤33）创建的螺纹孔进行阵列，数量为"2"，节距角为"60deg"，如图3-202所示。

35）选择步骤33）创建的螺纹孔继续阵列，节距角设置为"-60deg"。其他参数设置与步骤34）相同。结果如图3-203所示。

图　3-202　　　　　　　　　　　图　3-203

36）创建点，并在点上创建孔。设定孔的直径为"8mm"，顶锥角为"118deg"，孔的深度为"15mm"，如图 3-204 所示。

图　3-204

37）按前面介绍的方法进行圆形阵列，生成实体。并用同样方法在另一侧创建点和螺纹孔，并阵列螺纹孔，如图 3-205 所示。

图　3-205

图　3-205（续）

38）选择 xz 方向上长方体的上表面为孔放置面，单击 Sketch 进入草图模式，单击
■ 创建点，如图 3-206 所示。

39）退出草图，创建孔。设定孔的直径为"6mm"，顶锥角为"118deg"，孔的深度为
"50mm"，效果如图 3-207 所示。

图　3-206

图　3-207

40）单击 进行孔的镜像，如图 3-208 所示。

图　3-208

41）生成最终实体，如图 3-209 所示。

图　3-209

线架与曲面的设计与应用

在 CATIA V5 中，有非常强大的曲面造型功能，主要功能模块有线架与曲面设计（Wireframe and surface design）、创成外形设计（Generative shape design）、自由风格曲面设计（Free style）和数字外形编辑器（Digitized shape editor）等，这些曲面造型功能与零件设计功能集成在一个程序中，可以无缝衔接。在本项目中，只介绍线架与曲面设计工作台的基本功能。

任务 4.1　初识线架与曲面设计

【学习目标】

1. 了解线架与曲面设计模块的功能。
2. 掌握进入线架与曲面设计模块的多种方式。

【工作任务】

会应用多种方法进入线架与曲面设计模块。

【相关知识】

4.1.1　线架与曲面设计概述

进入线架与曲面设计工作台，可以选择下拉菜单 Start>Mechanical Design>Wireframe and Surface Design（图 4-1），或单击工作台工具栏中的 Start ，在自定义的开始对话框中选择线架与曲面设计（图 4-2）。

零件实体（Part body）是各种实体特征的集合，几何元素集（Geometrical set）是线架与曲面元素的集合。但这并不是绝对的，几何元素集也可以作为实体下的一个特征。线架、曲面和实体也可以进行混合设计，如图 4-3 所示。

习惯上，在三维空间建立的点（Point）、线（Line、Curve）、平面（Plane）称为线架，在三维空间中建立的各种面称为曲面（Surface）。

在 CATIA V5 中，可以建立常用的各种线架和曲面，并可以对这些几何对象进行编辑修

图　4-1　　　　　　　　　　　　　　　　图　4-2

改和变换操作。在创成外形设计和自由风格曲面设计工作台中，有更强大的曲面设计方式，可以设计更复杂的曲面。

图　4-3

4.1.2　线架与曲面设计工作台用户界面

　　线架与曲面设计工作台与零件设计工作台的用户界面基本相同，只是有些工具栏与菜单命令不同。这些工具栏包括：线架工具栏（Wireframe）、曲面工具栏（Surface）、编辑和变换操作工具栏（Operations）、曲面曲线分析工具栏（Analysis）和复制工具栏（Replication）。这些工具栏的功能在 Insert 菜单中也有相应的菜单命令。

1. 线架工具栏

　　使用线架工具栏可以建立空间点（Point）、等分点（Points creation repetition）、直线（Line）、轴线（Axis）、多段线（Polyline）、平面（Plane）、投影曲线（Projection）、截交线（Intersection）、圆与圆弧（Circle）、圆角（Corner）、样条曲线（Spline）和螺旋线（Helix）

等。线架工具栏如图 4-4 所示。

图 4-4

2. 曲面工具栏

使用曲面工具栏中的命令可以建立七种基本曲面及常用的球面和圆柱面（属于旋转面），包括：拉伸面（Extrude）、旋转面（Revolve）、偏移面（Offset）、扫掠面（Sweep）、填充面（Fill）、放样面（Multisections Surface）、混成面（Blend）以及球面（Sphere）和圆柱面（Cylinder）等。曲面工具栏如图 4-5 所示。

图 4-5

3. 编辑和变换操作工具栏

使用这个工具栏中的命令可以对建立的曲线或曲面进行编辑修改和变换操作。编辑操作包括：连接（Join）、修补（Healing）、恢复修剪（Untrim）、分解（Disassemble）、分割（Split）、修剪（Trim）、提取边界（Boundary）、提取面（Extract）；变换操作包括：移动（Translate）、旋转（Rotate）、对称（Symmetry）、比例缩放（Scaling）和相似（Affinity）等。编辑和变换操作工具栏如图 4-6 所示。

图 4-6

4. 曲面曲线分析工具栏

这个工具栏中包括一些曲面和曲线的分析工具，如曲面连接检查（Connect checker）、曲线连接检查（Curve connect checker）、曲面曲率分析（Surfacic curvature analysis）、梳状曲率分析（Porcupine curvature analysis）等，如图 4-7 所示。

5. 复制工具栏

利用复制工具栏中的复制工具可以重复复制点、线或平面，这些工具包括：复制对象（Object Replication）、复制点（Point Creation Replication）、复制平面（Planes Replication），如图 4-8 所示。

图 4-7

图 4-8

任务4.2 线架与曲面设计

【学习目标】

1. 掌握在空间建立点、线、面的多种方法，并了解其原理。
2. 掌握建立不同曲面的方法及原理。
3. 掌握以曲面为特征的实体零件设计方法。

【工作任务】

1. 能应用多种方法进行线架设计。
2. 能设计不同类型的曲面。
3. 能应用曲面特性进行实体零件设计。

【相关知识】

4.2.1 线架设计

线架是指在空间建立的点、线（直线和各种曲线）和平面，可以利用这些线架作为辅助元素来构建曲面或实体。

1. 在空间建立点

建立点（Point）的命令有两个，即建立点 ⬝ 和建立等距点 。

在 CATIA V5 中，建立点的方法有：

1）Coordinates：按输入的坐标建立点。

2）On curve：在曲线上建立点。

3）On plane：在平面上建立点。

4）On surface：在曲面上建立点。

5）Circle / Sphere center：建立圆心或球心。

6）Tangent on curve：建立曲线的切点。

7）Between：在两点间建立点。

（1）建立坐标点（Coordinates） 通过输入点的坐标建立点，点的坐标可以是绝对坐标，也可以是相对坐标，操作步骤如下：

1）单击点工具图标 ⬝ ，显示建立点对话框，在 Point type（建立点方法）下拉列表中选择 Coordinates（坐标点），如图 4-9 和图 4-10 所示。

2）输入点的 X、Y、Z 坐标，如图 4-11 所示。

3）默认以原点作为参考点（即使用绝对坐标），要使用相对坐标，单击 Reference Point（参考点）选择框，选择一个点作为参考原点，如图 4-12 所示。

（2）在曲线上建立点（On curve） 在曲面设计时，这个命令较常用，操作步骤如下：

图 4-9

图 4-10

图 4-11

图 4-12

1）单击点工具图标 ，显示建立点对话框，在 Point type（建立点方法）下拉列表中选择 On curve（在曲线上建立点）。

2）选择曲线，在曲线上出现点的预览。绿色方块表示参考点（默认在曲线的端点处），参考点上的红色箭头表示新建点的方向，蓝色方块表示要建立的点，沿曲线移动光标，蓝色点会在曲线上移动。单击鼠标，蓝色点停留在曲线上，如图 4-13 所示。

图 4-13

3）在对话框中定义点的位置，可以用 Distance on curve（参考点到新建点的距离）度量，也可以按 Distance along direction（沿指定方向的距离）度量，还可以按 Ratio of curve length（曲线长度的比例）度量。以曲线总长为1，如输入 0.25，点建立在曲线上离参考点

1/4 处。选择 Geodesic，距离按弧长计算，选择 Euclidean，距离按弦长计算。要在较近的端点处建立点，单击"Nearest extremity"，要在曲线的中点处建立点，可以单击"Middle point"。

4）可以选择一个点作为参考点，单击 Reference Point（参考点）选择框，再选择曲线上的一个点。单击图中红色箭头或对话框中的"Reverse Direction"，可以翻转方向。

5）选择复选框 Repeat object after OK，可以在参考点与新建点间再建立多个点。单击"OK"，显示复制点或平面对话框，如图 4-14 所示。

图　4-14

6）在 Parameters（参数）下拉列表中选择 Instances，则在点与端点间建立等分点；选择 Instances & Spacing，则按复制点数和间距复制点。选择 Creat normal planes also（建立法平面），则在复制点处建立曲线的法平面。选择 Creat in a new Body，则新建的点和平面放在一个新的几何元素集中。单击"OK"，即建立点（和法平面），如图 4-15 所示。

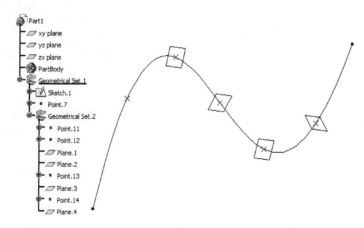

图　4-15

（3）在平面上建立点（On plane）　用这个命令，可以在一个平面或平面型表面上建立一个点。在平面上建立点的操作步骤如下：

1）单击点工具图标 ，显示建立点对话框，在 Point type（建立点方法）下拉列表中选择 On plane（在平面上建立点）。

2）选择要建立点的平面或平面型表面，显示新建点的预览，如图 4-16 所示。

图 4-16

3）输入新建点的 H、V 坐标，默认 H、V 坐标原点是系统原点在平面上的正投影。也可以单击 Reference Point（参考点）选择框，选择一个点作为 H、V 坐标系的原点。如果选择一个参考曲面，则点向这个曲面正投影。

4）单击"OK"，即在平面上建立一个点。

（4）在曲面上建立点（On surface）在曲面上建立点的操作步骤如下：

1）单击点工具图标 ，显示建立点对话框，在 Point type（建立点方法）列表中选择 On surface（在曲面上建立点），如图 4-17 所示。

图 4-17

2）选择要建立点的曲面，显示新建点的预览。默认参考点在曲面的中心，单击对话框中的 Reference Point（参考点）选择框，可以选择一个新参考点。在 Direction（方向）选择框中单击右键，也可以定义一个参考方向。

3）单击"OK"，即在曲面上建立一个点。

（5）建立圆心或球心（Circle/Sphere center）这个功能可以建立一个圆或球面的中心点，建立圆心的操作步骤如下：

1）单击点工具图标 ，显示建立点对话框，在 Point type（建立点方法）下拉列表中选择 Circle/Sphere center（建立圆心/球心），如图 4-18 所示。

2）选择要建立圆心的圆（或要建立球心的球面），单击"OK"，即建立圆心（或球心）。

图　4-18

（6）建立曲线的切点（Tangent on curve）　采用这个建立点的方法可以在曲线上建立一条方向线的切点，操作步骤如下：

1）单击点工具图标 ，显示建立点对话框，在 Point type（建立点方法）下拉列表中选择 Tangent on curve（曲线切点），如图 4-19 所示。

图　4-19

2）选择要建立切点的 Curve（曲线），再在 Direction（方向）选择框中选择一个方向，选择的方向可以是一条直线，也可以是一个平面，如果选择的是一个平面，则这个平面的法线将作为方向线。

3）单击"OK"，即建立切点。如果在选择的方向上有多个切点，将显示多解处理（Multi-Result Management）对话框，如图 4-20 所示。在对话框中可以选择：

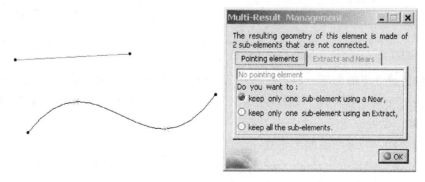

图　4-20

① 保留一个选择对象的最近点（Keep only one sub-element using a Near）。

② 用提取元素保留一个点（Keep only one sub-element using an Extract）。

③ 保留全部子元素点（Keep all the sub-elements）。

（7）在两点间建立点（Between）　用这个方法可以在两个选择点间建立一个点，操作步骤如下：

1）单击点工具图标 ·，显示建立点对话框，在 Point type（建立点方法）下拉列表中选择 Between（在两点间建立点），如图 4-21 所示。

图　4-21

2）选择两个点，在对话框中输入距第一选择点的距离比率 Ratio（以两点间距离作为1）。如果要在两点的正中间建立点，单击"Middle Point"，这时的比率为 0.5。

3）单击"OK"，即建立点。

（8）建立等距点　用等距点命令可以在选择的一条曲线上建立等分点，或按给定的间距建立等距点。建立等距点的操作步骤如下：

1）单击等距点工具图标 ，显示点与面复制对话框。

2）选择要建立点的曲线或曲线上的点，在对话框的 Parameters（参数）下拉列表中，选择 Instances（等分点数目），在 Instance（s）（引用点数）文本框中，输入要建立的点数，如图 4-22 所示。

图　4-22

3）选择 With end points 复选框，则会在线的端点处建立点，否则不包括端点。选择 Create normal planes also 复选框，则会在建立点处建立曲线的法平面。选择 Create in a new Body 复选框，则会将建立的点放在特征树上的一个新几何元素集中。单击"OK"，即建立等距点，如图 4-23 所示。

图　4-23

2. 建立空间直线

在 CATIA V5 中，有多种建立空间直线（Line）的方法，如图 4-24 所示，这些方法包括：

1）Point-Point：建立两点线。

2）Point-Direction：建立点和方向线。

3）Angle/Normal to curve：建立曲线的法线或角度线。

4）Tangent to curve：建立曲线的切线。

5）Normal to surface：建立曲面的法线。

6）Bisecting：建立角平分线。

（1）建立两点线（Point-Point） 采用此方法可以通过空间的两个已知点，建立一条直线，操作方法如下：

1）单击线工具图标 ∕ ，显示建立线对话框，在对话框的 Line type（建立线方法）下拉列表框中，选择 Point-Point（两点线）。

图　4-24

2）选择空间中的两个点，单击"Preview"，图中会显示建立线的预览，如图 4-25 所示。

3）在 Start 文本框中，输入起点延伸长度，也可以单击 Up-to 1 选择框，选择一个限制

图 4-25

元素来限制线在起点的延伸。在 End 文本框中，输入终点延伸长度，也可以单击 Up-to 2 选择框中，选择一个限制元素来限制线在终点的延伸。

4）在 Length Type（长度类型）中可以选择：Length（有限长度）、Infinite Start Point（起点无限长）、Infinite（无限长直线）和 Infinite End Point（终点无限长）。

5）选择 Mirrored extent 复选框，则起点、终点对称延伸。单击"OK"，即建立直线。

（2）建立点和方向线（Point-Direction）采用此方法可以通过一个点和给定的方向建立线。操作步骤如下：

1）单击线工具图标／，显示建立线对话框，在对话框 Line type（建立线方法）下拉列表框中，选择 Point-Direction（点和方向线）。

2）选择空间中的一个点和一个方向，方向可以选择一条线、一个实体的棱边或一个平面（方向沿平面的法线方向），如图 4-26 所示。

图 4-26

3）输入点的延伸长度。

4）选择长度类型，选项与建立两点线相同。

5）单击"Reverse Direction"可翻转起点方向。单击"OK"，即建立直线。

（3）建立曲线的法线或角度线（Angle/Normal to curve） 采用此方法可以通过一点建立曲线的法线，或与曲线在该点切线成一定角度的直线。建立曲线的法线或角度线的操作方法如下：

1）单击线工具图标 ∕，显示建立线对话框，在对话框的 Line type（建立线方法）下拉列表框中，选择 Angle/Normal to curve（曲线的法线或角度线）。

2）选择要建立线的曲线，再选择曲线上的一个点，在 Angle 文本框中输入角度值。若要建立曲线的法线，只需单击"Normal to curve"按钮即可，单击"Preview"显示预览，如图 4-27 所示。

图 4-27

3）输入点的延伸长度，单击"Reverse Direction"按钮可以翻转方向。

4）选择长度类型，选项同前。如果选择一个支承面，还可以选择 Geometry on support（直线在支承面上生成），默认 Support（支承面）是曲线所在平面。

5）选择 Repeat object after OK 复选框，可以重复建立角度线或法线。单击"OK"，显示对象复制对话框，在对话框中输入要复制的数目，单击"OK"，完成复制法线或角度线，如图 4-28 所示。

（4）建立曲线的切线（Tangent to curve） 采用此方法可以通过一点作曲线的切线，操作步骤如下：

1）单击线工具图标 ∕，显示建立线对话框，在对话框的 Line type（建立线方法）下拉列表框中，选择 Tangent to curve（曲线的切线）。

图　4-28

2）选择 Curve（曲线），再选择 Element 2（第二个元素），如果选择另一条曲线，则作两曲线的公切线。有多解时，单击"Next solution"选择下一个解或单击要保留的解，如图4-29 所示。

图　4-29

3）如果选择一个点，通过这个点作曲线的切线。这时有两个选项：选择 Mono-tangent，即点不在曲线上，过点作曲线切线的平行线，如图 4-30 所示；选择 BiTangent，过点作曲线的切线，如图 4-31 所示。有多解时，单击"Next solution"选择下一个解。

图　4-30

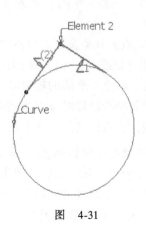

图　4-31

4）如果选择一个 Support（支承面），切线就向支承面上投影。

5）选择长度类型，选项同前。单击"OK"，即建立切线。

（5）建立曲面的法线（Normal to surface） 此方法是通过一个点，作曲面的法线，操作步骤如下：

1）单击线工具图标 ／，显示建立线对话框，在对话框的 Line type（建立线方法）下拉列表框中，选择 Normal to surface（曲面的法线）。

2）选择一个曲面，再选择法线要通过的点，输入起点和终点的长度，也可以用选择的元素限制长度，如图 4-32 所示。

图　4-32

3）选择长度类型，选项同前。单击"OK"，即建立曲面的法线。

（6）建立角平分线（Bisecting） 采用此方法可以建立空间两条相交直线的角平分线，如果选择的两条线不相交，系统会显示错误警告。建立角平分线的操作步骤如下：

1）单击线工具图标／，显示建立线对话框，在对话框的 Line type（建立线方法）下拉列表框中，选择 Bisecting（角平分线）。

2）选择两条相交直线，默认在两直线交点处建立角平分线，如图 4-33 所示。如果单击 Point 选择框，选择一个点，将通过该点作角平分线的平行线。单击"Next solution"，可选择另一个解。

3）输入点的延伸长度。单击"OK"，即建立角平分线。

（7）建立轴线（Axis） 使用此命令可以为圆、圆弧、椭圆、椭圆弧、长扁圆或旋转曲面建立轴线。建立一个圆的轴线时，可以沿选择的方向、与选择的方向垂直或垂直于圆所在的平面。建立椭圆轴线时可以沿椭圆的长轴、短轴或垂直于椭圆所在平面等。下面以建立圆的轴线为例，介绍轴线的建立方法。

1）单击轴线工具图标 ⫶ ，显示建立轴线对话框。

2）选择要建立轴线的圆，单击 Direction（方向）选择框，选择一个方向，方向可以选择一条线或一个平面（方向沿平面法线）。这里选择 yz 平面，如图 4-34 所示。

3）在 Axis type（轴线类型）下拉列表中，选择 Aligned with reference direction（沿参考

图 4-33

图 4-34

方向）。若选择 Normal to reference direction（垂直于参考方向），效果如图 4-35 所示。若选择 Normal to circle（垂直于圆所在平面），效果如图 4-36 所示。

图 4-35　　　　　　　　　　　图 4-36

（8）建立空间多段线（Polyline）　使用空间多段线命令，可以通过选择空间的一系列点建立一条折线。操作步骤如下：

1）单击多段线工具图标 ∧，显示定义多段线对话框。

2）按顺序选择点或顶点，单击"Preview"（预览），将显示建立的多段线，如图 4-37 所示。

图　4-37

3）在对话框的列表中选择一个点。单击对话框右侧按钮"Remove"可以去除这个点，单击"Add After"可以在这个点后加入一个选择的点，单击"Add Before"可以在这个点前加入一个选择的点。在 Radius 文本框中输入一个半径值，多段线会在这个点处作圆角。选择 Close polyline，则多段线的起点与终点闭合。单击"OK"，建立的多段线如图 4-38 所示。

图　4-38

3. 建立平面

在空间建立的平面（Plane），可以用来作为草图的支承面，也可以作为分割曲面或实体的面，或其他参考面。在 CATIA V5 中，有多种建立平面的方法，如图 4-39 所示，这些方法包括：

1）Offset from plane：建立偏移平面。

2）Parallel through point：过点建立平行平面。

3）Angle/Normal to plane：建立参考平面的角度平面或垂直平面。

4）Through three points：过三点建立平面。

5）Through two lines：过两条直线建立平面。

6）Through point and line：过点和直线建立平面。

图　4-39

7）Through planar curve：通过平面曲线建立平面。

8）Normal to curve：建立曲线的法平面。

9）Tangent to surface：建立曲面的切平面。

10) Equation：用平面方程建立平面。

11) Mean through points：建立多个（三个以上）点的平均平面。

（1）建立偏移平面 采用此方法可以按给定的偏移距离，建立一个参考平面的平行平面。参考平面可以是平面，也可以是一个平面型曲面或实体表面。建立偏移平面的方法如下：

1）选择一个参考平面，单击建立平面工具图标 ⟋，显示定义平面对话框。

2）在对话框的 Offset（偏移距离）文本框中，输入偏移距离。也可以在图中拖动绿色双箭头，改变偏移距离，拖动 Move 图标，改变平面图标的显示位置，如图 4-40 所示。

3）单击对话框中的"Reverse Direction"按钮或单击图中红色箭头，可改变偏移方向。

4）选择 Repeat object after OK 复选框，可在单击"OK"后重复建立偏移平面。

5）单击"OK"，显示复制对象对话框，在对话框的 Instance（s）文本框中，输入要复制平面的数目，如输入"2"，如图 4-41 所示。

图 4-40

6）选择 Create in a new Body 复选框，复制的平面在树上将记录在一个新几何元素集中，如图 4-41 所示。

图 4-41

7）单击"OK"，即建立一个偏移平面，并复制两个平面。

（2）过点建立平行平面 采用此方法可以通过一个已有点，建立一个参考平面的平行平面。操作方法如下：

1）单击图标 ⟋，显示对话框，在下拉列表框中选择 Parallel through point。

2）选择参考平面，可以选择一个平面、平面型曲面或实体表面。

3）选择要通过的点，可以选择一个点或顶点（如线的端点或实体、曲面边的端点），

143

如图 4-42 所示。

图　4-42

4）单击"OK"，建立一个新平面。

（3）建立参考平面的角度平面或垂直平面　建立角度或垂直平面的操作方法如下：

1）单击图标 ⬦ ，显示对话框，在下拉列表框中选择 Angle/Normal to plane。

2）选择旋转轴，可以选择一条线、一个边或坐标轴。这里选择实体的边，如图 4-43 所示。

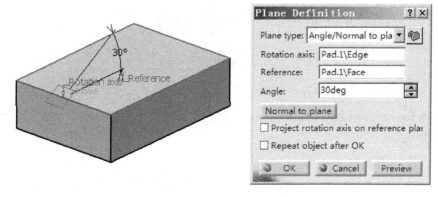

图　4-43

3）选择参考面，这里选择实体的上表面。

4）输入 Angle（新建平面与参考面间的角度）的值，如果垂直于参考面，单击"Normal to plane"，系统会自动填入角度 90°。

5）单击"OK"，即建立角度平面。

若要重复建立角度平面，可以选择 Repeat object after OK，需定义复制平面的数目。

（4）过三点建立平面　通过空间不在一条直线上的三个点，可以建立一个平面。操作步骤如下：

1）单击图标 ⬦ ，显示对话框，在下拉列表框中选择 Through three points。

2）选择三个点，如图 4-44 所示。

3）单击"OK"，即建立平面。

（5）过两条直线建立平面　可以用空间的两条直线定义一个平面，如果两条直线不在一个平面内，建立的新平面将通过第一条直线并与第二条直线平行。操作步骤如下：

图 4-44

1）单击图标 ⬭，显示对话框，在下拉列表框中选择 Through two lines。

2）选择两条直线，注意选择的次序，新建平面通过第一条直线，如图 4-45 所示。

图 4-45

3）单击"OK"，即建立平面。

（6）过点和直线建立平面 过空间一个点和一条直线建立平面的操作步骤如下：

1）单击图标 ⬭，显示对话框，在下拉列表框中选择 Through point and line。

2）选择一个点和一条直线，如图 4-46 所示。

图 4-46

3）单击"OK"，即建立平面。

（7）通过平面曲线建立平面 采用此方法可以建立选择的平面曲线所在的平面。操作步骤如下：

1）单击图标 ⬭，显示对话框，在下拉列表框中选择 Through planar curve。

2）选择平面曲线。这里选择一条抛物线，如图 4-47 所示。

3）单击"OK"，即建立平面。

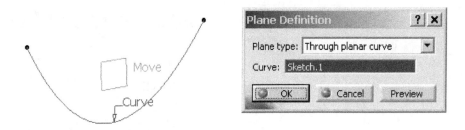

图 4-47

（8）建立曲线的法平面　采用此方法可以通过一个点建立选择的曲线的法平面。操作步骤如下：

1）单击图标 ，显示对话框，在下拉列表框中选择 Normal to curve。

2）选择一条曲线。

3）选择一个点，平面将通过这个点，如图 4-48 所示。如果不选择点，默认将平面建立在曲线的中点。

图 4-48

4）单击"OK"，即建立曲线的法平面。

（9）建立曲面的切平面　采用此方法可以通过曲面上的一个点，建立曲面的切平面，如果选择的点不在曲面上，通过该点建立的平面是该点向曲面所作法线的法平面。操作步骤如下：

1）单击图标，显示对话框，在下拉列表框中选择 Tangent to surface。

2）选择曲面，再选择平面通过的点，如图 4-49 所示。

图 4-49

3）单击"OK"，即建立平面。

（10）用平面方程建立平面　采用平面的方程（$Ax+By+Cz=D$），在对话框中输入方程的系数 A、B、C、D，即可建立平面。操作步骤如下：

1）单击图标 ，显示对话框，在下拉列表框中选择 Equation。

2）在对话框中输入系数 A、B、C、D。如果选择了一个点，则平面通过这个点（此时不需输入 D），如图 4-50 所示。

3）单击"Normal to compass"按钮，可建立当前指南针 z 轴方向的法平面。单击"Parallel to screen"按钮，可建立平行于当前屏幕的平面。

4）单击"OK"，即建立平面。

图　4-50

（11）建立多个点的平均平面　采用此方法可以建立一个平面，这个平面距离选择的多个点（超过三个）的平均距离最近。依次选择多个点，单击"OK"，即建立平均平面，如图 4-51 所示。

图　4-51

建立平面时，拖动平面的 Move 图标，可以移动平面图标的位置。在对话框的选择框中单击右键，可在快捷菜单中选择相应的命令。

4. 在空间建立曲线

在空间建立的曲线，可以用来作为生成曲面或实体的导引线或其他参考线。在线架与曲面设计工作台中，建立的空间曲线包括两类：一类是利用已有几何体建立曲线；另一类是在空间建立的曲线。

（1）投影（Projection）　使用这个命令可以把空间的点向曲线或曲面上投影，也可以将曲线向一个曲面上投影，投影时可以选择沿法向投影或沿一个给定的方向投影。将曲线向曲面上投影的操作步骤如下：

1）单击投影工具图标 ，显示定义投影对话框，在 Projection type（投影方式）下拉列表中选择 Normal（沿法向）。

2）选择要投影的曲线（可以复选），再选择一个支撑面，单击"Preview"（预览），如图 4-52 所示。

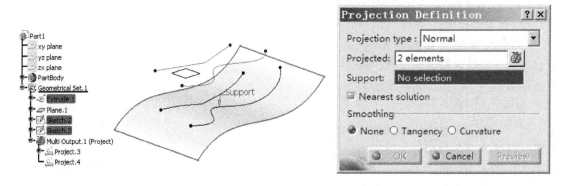

图　4-52

3）如果在投影方式下拉列表中选择 Along a direction（沿一个方向），则需要在 Direction（方向）选择框中选择一个方向（直线或平面），也可以在方向选择框中单击右键，建立方向线或平面。这里选择一个平面 Plane.1，曲线将沿曲面的法线方向投影，如图 4-53 所示。

图　4-53

4）如果选择 Nearest solution 复选框，则在投影曲线的全部解中选择最接近原曲线的解。

5）可以对投影曲线进行平顺（Smoothing），在 Deviation 中输入平顺误差。当投影曲线不能进行平顺处理时，会显示一个警告。

（2）截交（Intersection）　使用这个命令可以求两条线的交点、线与曲面的交点、曲面与曲面的交线、曲面与实体的截交轮廓线或截交面。建立截交的操作步骤如下：

1）单击截交工具图标，显示截交定义对话框。

2）选择求截交的第一个对象，再选择第二个对象（截交对象可以复选）。截交对象可以选择线或曲面，这里选择两个曲面。单击"Preview"，屏幕显示截交线的预览，如图 4-54 所示。

3）在截交定义对话框中，如果选择 Extend linear supports for intersection 复选框，可以沿切线方向延伸第一或第二条线，然后求它们的交点，如图 4-55 所示。

4）当所选择的两条曲线，有一部分是重合时，可以选择建立重合部分的线（图 4-56），

图 4-54

图 4-55

也可以选择建立两个交点（图 4-57）。

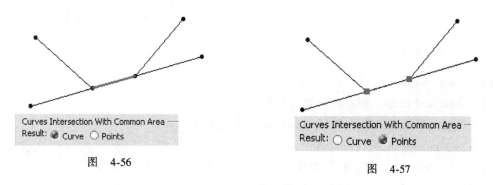

图 4-56

图 4-57

5）当曲面与实体截交时，可以求它们截交的轮廓线（图 4-58）或截交面（图 4-59）。

图 4-58

图 4-59

6）在对话框中，选择 Extrapolate intersection on first element 复选框，将延伸第一个选择的曲面上的截交线，如图 4-60 所示。

图　4-60

7）如果选择的两条直线不共面，选择 Intersect non coplanar line segments 复选框，可以求它们的一个近似交点，这个点在它们最短距离连线的中点上，如图 4-61 所示。

（3）圆（Circle）　使用这个命令可以在空间建立圆或圆弧。建立圆或圆弧的方法有九种，如图 4-62 所示，包括：

图　4-61

图　4-62

1）Center and radius：圆心和半径。

2）Center and point：圆心和圆通过的空间一点。

3）Two points and radius：圆通过的空间两点及半径。

4）Three points：圆通过的空间三点。

5）Center and axis：圆心和圆轴线。

6）Bitangent and radius：两条切线和半径。

7）Bitangent and point：两条切线和圆通过的一点。

8）Tritangent：三条切线。

9）Center and tangent：圆心和一条切线。

下面介绍其中三种建立圆或圆弧的方法。其他方法请读者自己练习。

1）通过圆心和半径建立圆（或圆弧）。这个方法是通过选择一个圆心和给定半径，在空间建立一个圆或圆弧。操作步骤如下：

① 单击建立圆工具图标〇，显示定义圆对话框，在 Circle type（建立圆方法）下拉列表中，选择 Center and radius。

② 选择一个圆心。如需要建立一个点，可以在 Center（圆心）选择框内单击右键，选择快捷菜单命令。在 Radius（半径）文本框内输入圆的半径"30mm"。

③ 选择 Support（一个支承面），这里选择 xy 平面，建立的圆在平行于支承面的平面内，如图 4-63 所示。

图 4-63

④ 在对话框中，单击"Radius"按钮，改变为 Diameter（输入直径）。如果选择 Geometry on support（在支承面上作圆）复选框，则将圆向支承面上投影。选择 Axis Computation（建立轴线）复选框，可同时建立圆的轴线。

⑤ 在对话框的 Circle Limitations（圆的限制）选项组中，选择 ⊙ 是作圆，选择 ⌒ 是作圆弧，并输入 Start（起始角度）和 End（结束角度）的值，如图 4-64 所示。

⑥ 单击"OK"，即建立圆或圆弧。

图 4-64

2）通过两点和半径建立圆或圆弧。

① 单击建立圆工具图标 ○，显示定义圆对话框，在 Circle type（建立圆方法）下拉列表中，选择 Two points and radius。

② 选择圆通过的两个点，并输入圆的半径。

③ 单击"OK"，即建立圆。

3）通过两条切线和半径作圆。用这个方法可以建立一个确定半径的圆或圆弧，并且这个圆或圆弧与选择的两条线相切。操作步骤如下：

① 单击建立圆工具图标 ○，显示定义圆对话框，在 Circle type（建立圆方法）下拉列

表中，选择 Bitangent and radius。

② 选择与圆（或圆弧）相切的两条线，输入圆或圆弧的半径（或直径）。在 Circle Limitations 选项组中选择 ○ 是建立圆，选择 ○ 是建立圆弧，单击 ◡ 可以在补弧间转换。

③ 在对话框中，如果选择 Trim Element 1 或 Trim Element 2 复选框，可以修剪第一或第二条切线，如图 4-65 所示。

图 4-65

④ 单击"OK"，即建立圆或圆弧。

（4）圆角（Corner） 使用这个命令可以在空间或一个支承面上建立圆角。如果选择的两条线是在一个平面内的平面曲线，可以在曲线所在支承面上建立圆角；否则，只能建立空间圆角。建立圆角的操作步骤如下：

1）单击圆角工具图标 ⌐ 。

2）选择要建立圆角的两条线。

3）选择一个支承面（如不选择支承面，使用默认支承面，即线所在平面）。显示圆角预览。

4）圆角有多个解时，显示多个解，单击"Next Solution"可选择下一个解，选择的解被加亮显示，如图 4-66 所示。

5）如果选择 Trim element 复选框，会修剪第一或第二条线。

6）在 Radius 文本框中输入圆角半径。

7）单击"OK"，即建立圆角，如图 4-67 所示。

图 4-66

图 4-67

（5）连接曲线（Connect） 使用这个命令可以把两条曲线用样条曲线连接起来，连接时可以选择连接点处的连续性和张力，还可以选择用 Normal（法线）方式或 Base curve（基准线）方式。操作步骤如下：

1）单击连接曲线工具图标🕐，显示连接曲线对话框，如图 4-68 所示。

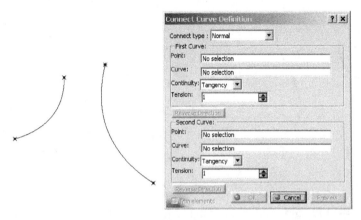

图 4-68

2）在对话框中选择 Connect type（连接方式）：Normal（法线方式）或 Base curve（基准线方式）。

3）选择第一条曲线的连接点，再选择第二条曲线的连接点，如图 4-69 所示。

图 4-69

4）选择第一条和第二条曲线与连接曲线的连续方式（Continuity），以及在连接点处的张力（Tension）。单击"Reverse Direction"按钮，可改变连接曲线的切矢量方向。选择 Trim elements 复选框，可修剪连接后曲线的多余部分。

5）单击"OK"，即建立连接曲线，如图 4-70 所示。

（6）建立空间样条曲线（Spline） 在空间建立样条曲线的方法与在草图中建立样条曲线类似，只是需要先

图 4-70

建立控制点，然后依次选择控制点（或顶点）。建立样条曲线的操作步骤如下：

1）在空间建立控制点和必要的几何体。单击样条曲线工具图标 ，显示定义样条曲线对话框，依次选择控制点，如图4-71所示。

图 4-71

2）在对话框中可以选择 Add Point After（在之后添加）、Add Point Before（在之前添加）、Replace Point（替换点）和 Remove Point（删除点）控制点。

3）如果选择 Geometry on support（曲线在支承面上）复选框，再选择一个平面或曲面，则将曲线向支承面投影。这时控制点必须在支承面上。图4-72所示为未选择支承面，图4-73所示为选择了曲面支承面。

4）选择 Close Spline（闭合样条曲线）复选框，可使样条曲线首尾自动闭合，如图4-74所示。

5）单击"Show parameters"（显示更多参数）按钮，展开对话框，可以定义更多的控制参数，如图4-75所示。

图 4-72

图 4-73

图 4-74

图 4-75

（7）建立螺旋线（Helix curve） 使用这个命令可以在空间建立一条螺旋线。建立的螺旋线可以是等螺距，也可以是变螺距螺旋线。螺旋线的外廓可以是圆柱螺旋线，也可以是圆锥螺旋线，还可以是曲线外廓的螺旋线。

建立螺旋线需要先定义一个螺旋线起点和螺旋线的轴线。轴线可以是一条直线，也可以是坐标轴或实体的边。建立螺旋线的操作步骤如下：

1）单击螺旋线工具图标 ，显示定义螺旋线对话框，选择螺旋线的起点（Starting Point）和螺旋线的轴线（Axis），如图4-76所示。

图 4-76

2）定义螺旋线的螺距（Pitch）。螺距可以是常量螺距（Constant）或变量螺距（S type）。

①常量螺距（Constant）：在Pitch文本框输入螺距，并在Height文本框中输入螺旋线的总高度。

②变量螺距（S type）：单击按钮"Law"，显示定义变化螺距对话框，如图4-77所示。选择S type选项，输入螺距变化的起始值（Start value）与最终值（End value），螺距在两个值间按二次规律变化。单击"Close"关闭对话框，在定义螺旋线对话框中输入螺旋线的总圈数（Revolutions）。

图 4-77

3）选择Orientation（螺旋线的旋向）：Counterclockwise（右旋）或Clockwise（左旋）。选择常量螺距时可以定义一个起始角（Starting angle），即螺旋线开始点与选择的起点间的偏移角。

4）在对话框的 Radius variation（变化半径螺旋线）选项组中可以设置螺旋线半径的变化规律，并定义一个圆锥螺旋线或曲线轮廓螺旋线。输入圆锥螺旋线的锥角（Taper Angle），并定义锥角方向（Way）为 Inward（向内，图 4-78）或 Outward（向外，图 4-79）。

图　4-78　　　　　　　　　　　　　　　　图　4-79

5）若定义曲线轮廓螺旋线，需先绘制一条轮廓线，选择 Profile 选项，再选择螺旋线的参考轮廓，轮廓线必须通过螺旋线的起点，如图 4-80 所示。

6）单击"OK"，即建立螺旋线。

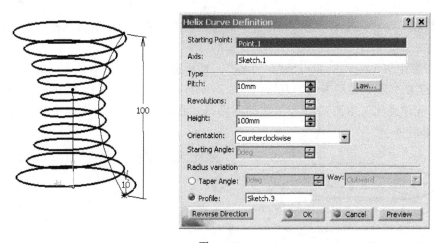

图　4-80

4.2.2　曲面设计

在线架与曲面设计工作台中，可以建立拉伸、旋转、扫掠、填充、放样、混成六种基本曲面和偏移曲面，以及球面和圆柱面两种预定义曲面。

1. 建立拉伸曲面

拉伸曲面（Extrude）就是一条轮廓曲线沿一个方向扫掠，曲线掠过的空间形成的曲面。拉伸曲面的轮廓线可以是空间曲线，也可以是草图。拉伸方向可以选择一条直线、一个平面

（方向沿平面的法线）、坐标轴或用坐标分量表示的方向等。拉伸的长度可用两个尺寸来限制。建立拉伸曲面的操作步骤如下：

1）单击拉伸曲面工具图标 ，显示定义拉伸曲面对话框。

2）选择 Profile（轮廓线）。

3）选择 Direction（一个拉伸方向），可以选择直线、平面，或在选择框中单击右键，在右键快捷菜单中可以选择 x 轴、y 轴、z 轴、用坐标分量定义一个方向（Edit components）、使用当前指南针的方向（Compass Direction）、新建一条直线（Create Line）或一个平面（Create Plane）作为方向，如图 4-81 所示。这里选择 yz 平面（或 x 轴）作为方向。

图 4-81

4）有两种方式限制拉伸长度，可在 Limit Type 下拉列表中选择 Dimension（拉伸长度）或 Up-to element（拉伸至指定的元素）。单击"Preview"，显示拉伸曲面预览。在预览图中，红色箭头指向第一限制的方向。单击红色箭头或对话框中的"Reverse Direction"按钮，可以翻转这个方向，如图 4-82 所示。

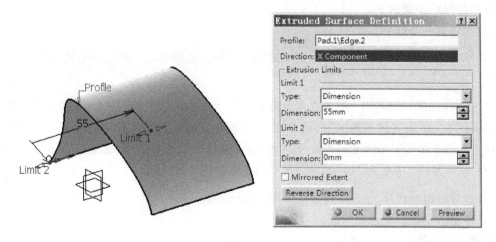

图 4-82

5）单击"OK"，即建立拉伸曲面。

2. 建立旋转曲面

轮廓线绕一条轴线旋转扫掠所生成的曲面称为旋转曲面（Revolution Surface）。如果在轮廓草图中建立了轴线，系统会默认将草图轴线作为旋转轴。旋转轴线也可以使用三维直线、其他草图线或坐标轴。建立旋转曲面的步骤如下：

图　4-83

1）建立包含轴线的草图轮廓，单击旋转曲面工具图标，显示定义旋转曲面对话框，如图4-83所示。

2）选择草图轮廓，草图中的轴线作为默认的旋转轴线，也可以选择直线或坐标轴作为轴线。在对话框中输入角度限制值（Angle 1 和 Angle 2），如图4-84所示。

图　4-84

3）单击"OK"，即建立旋转曲面。

3. 建立球面

球面是一种常用的曲面，系统提供一个快捷命令建立球面。建立球面时，需要选择球心，球坐标系（默认使用系统坐标系）和球的半径，可以建立整球，也可以建立部分球面。建立球面的操作步骤如下：

1）先建立一个球心。

2）单击球面工具图标，显示定义球面对话框，选择球心。默认用系统坐标系作为球坐标系。

3）在对话框中选择，可建立部分球面。输入 Parallel Start Angle（球面纬度起始角）和 Parallel End Angle（结束角）。纬度角在 yz 平面内，绕 x 轴从 y 轴逆时针方向展开为正，顺时针方向展开为负。输入 Meridian Start Angle（经度起始角）和 Meridian End Angle（结束角），在 xy 平面内，从 x 轴逆时针方向展开为正，如图4-85所示。

4）在对话框中选择，可建立整球面，如图4-86所示。

5）单击"OK"，即建立球面。

4. 建立圆柱面

使用这个命令建立圆柱面时，需要选择一个圆柱面轴线通过的点和一个轴线的方向。建立圆柱面的操作步骤如下：

图 4-85

图 4-86

1）单击圆柱面工具图标 ，显示定义圆柱面对话框。选择一个点，作为圆柱面轴线通过的点。

2）选择一个方向作为圆柱面轴线的方向。方向可以选择一条线、坐标轴或一个平面，这里选择 xy 平面，如图 4-87 所示。

3）在 Radius 文本框中键入圆柱面的半径，在 Length 1 文本框中键入圆柱面沿箭头方向的长度 30，在 Length 2 文本框中键入相反方向的长度 10。单击图中箭头图标或对话框中 Reveres direction 按钮，可以翻转方向。

4）单击 OK，即建立圆柱面。

5. 建立扫掠曲面

扫掠曲面（Swept Surface）就是一条轮廓线沿一条导引线扫掠而生成的曲面。导引线可以是开放曲线，也可以是闭合曲线。

在建立扫掠曲面时，按轮廓线的形式，可以选择如下四种方式：

1）精确方式 ：可以使用任意轮廓线并需要定义一条或两条导引线。

图 4-87

2）直线方式 ：不需绘制轮廓线，只需定义一条或几条导引线。

3）圆或圆弧方式 ：不需绘制轮廓线，可以定义一条或几条导引线。

4）圆锥曲线方式 ：不需绘制轮廓线，可以定义一条或几条导引线。

（1）精确建立扫掠曲面　用这种方式建立扫掠曲面，需要定义一条轮廓线，一条或两条导引线，还可以使用锚点，或使用一条脊线。用这个方式建立扫掠曲面时，有三种方法：使用参考面、使用两条导引线或使用平推方向。操作方法如下：

1）建立一条轮廓线和一条导引线，如图 4-88 所示，单击扫掠曲面工具图标 ，选择精确方式 。

图 4-88

2）在 Subtype 下拉列表中选择 With reference surface（参考面），精确建立扫掠曲面。选择轮廓线①和导引线②，还可以选择一个参考面，默认参考面是脊线的平均平面。如果选择参考面，导引线必须在参考面上，并可以定义一个角度，控制轮廓在扫掠时的位置。

3）可以选择一条脊线，默认脊线是导引线。并可以选择两个限制元素来限制扫掠曲面，否则用导引线的端点限制扫掠曲面。

4）单击"Preview"（预览），显示曲面预览，如图 4-89 所示。另外，还可以设置扫掠曲面的平顺参数（Smooth sweeping）或调整扫掠曲面的位置（Position profile）。

图 4-89

5）单击"OK"，即建立扫掠曲面。

精确建立扫掠曲面时，还可以在 Subtype 下拉列表中选择 With two guide curves（两条导引线，见图 4-90）和 With pulling direction（一条导引线和一个方向，见图 4-91）。

（2）用直线轮廓建立扫掠曲面　用直线轮廓建立扫掠曲面时，不用绘制直线轮廓，只需建立导引线。用直线轮廓建立扫掠曲面的方法有以下七种：

1）使用两条导引线限制扫掠曲面（Two limits）：选择建立扫掠曲面的两条导引线，默认第一导引线作为脊线。可以使用两个限制点（或平面），否则用较短的导引线限制扫掠曲面。扫掠曲面的宽度可以由两条导引线向外延伸，在 Length 1 和 Length 2 文本框中输入延伸的长度。单击"Law"按钮还可以定义从起始端到终端的变化延伸规律，如图 4-92 所示。在对话框中选择 Second curve as middle curve 复选框，可将第二导引线作为曲面中线。

2）使用两条导引线，第二条作为曲面中线（Limit and middle）：需要选择两条导引线，曲面由第二导引线一侧向外延伸，如图 4-93 所示。

图 4-90

图 4-91

图 4-92

图 4-93

3）使用一条导引线和一个参考曲面（With reference surface）：直线轮廓沿参考面上的导引线扫掠，可以定义直线轮廓与曲面间的夹角。这时需要选择一条导引线和一个参考面，导引线必须在参考面上。在 Length 1 和 Length 2 文本框中输入扫掠曲面在参考面两侧的宽度，如图 4-94 所示。

图　4-94

4）使用一条导引线和一条参考曲线（With reference curve）：直线轮廓沿导引线扫掠，轮廓的延长线在参考线上。这时需要选择一条导引线和一条参考曲线，并输入曲面的宽度（轮廓直线长度）Length 1 和 Length 2，还可定义扫掠曲面与导引线和参考曲线连线间的夹角 Angle，如图 4-95 所示。其中，Angle、Length1 和 Length2 都可以定义为变量。单击"Law"按钮可以定义这些参数的变化规律：常数（Constant）、线性规律（Linear）、S 形规律（S-type）和用户定义变化规律（Advanced）。

图　4-95

5）使用一条导引线并与曲面相切（With tangency surface）：选择一条导引线和一个要相切的曲面，如图 4-96 所示。当有多个解时，单击"Next"选择下一个解。选择 Trim with tangency surface 复选框，可修剪相切曲面。

图 4-96

6）使用一条导引线和一个草拟的方向（With draft direction）：选择一条导引线并确定一个方向，直线沿选择的方向沿导引线扫掠，直线与选择的方向间可以定义一个角度。直线的长度用 Length 1 和 Length 2 来确定。直线轮廓在扫掠时有三种控制方式：完全定义（Wholly defined），可以定义直线轮廓与方向的夹角（可以是变化的），如图 4-97 所示；G1 常数（G1-Constant），每段 G1 连续导引线都可以设置一个角度；局部（Location values），在导引线上的点上可以定义角度。

图 4-97

7）与两个曲面相切（With two tangency surfaces）：选择两个曲面和一条脊线，直线轮廓沿脊线扫掠并与两个曲面相切，如图 4-98 所示。选择 Trim with first/second tangency surface 可以修剪相切的曲面。扫掠曲面如果有多个解时，单击"Next"或"Previous"选择下一个或前一个解。

图　4-98

（3）用圆或圆弧轮廓建立扫掠曲面　用圆或圆弧轮廓建立扫掠曲面时也不需绘制轮廓线，只需绘制导引线或脊线。用圆或圆弧轮廓建立扫掠曲面的方法如下：

1）用三条导引线（Three guides）：选择三条导引线，通过这三条导引线做圆弧轮廓的扫掠曲面，如图 4-99 所示。

图　4-99

2）用两条导引线和圆弧的半径（Two guides and radius）：选择两条导引线并输入圆弧的半径，圆弧轮廓沿给定的导引线扫掠。两条导引线的最大距离应小于圆弧半径的2倍，否则会出现错误。扫掠时通常有四个解，单击"Next"或"Previous"选择下一个或前一个解，如图4-100所示。

图 4-100

3）用一条中心线、一条参考线和两个展开角（Center and two angles）：圆弧轮廓以中心线为中心，以参考线为展开角的起始角度。如果输入一个给定半径（Use fixed radius），则以给定半径扫掠，如图4-101所示。半径可以定义为变化的。如果不输入半径，则生成的扫掠曲面通过参考线。

图 4-101

4）用中心线和半径（Center and radius）：圆轮廓沿中心线扫掠，得到圆管状扫掠曲面，圆轮廓的半径是可以变化的，单击"Law"按钮可以定义变量半径，如图 4-102 所示，这是一种较常用的方式。

图　4-102

5）用两条导引线和一个相切曲面（Two guides and tangency surface）：选择扫掠曲面与相切曲面的切线、一个要相切的曲面，再选择扫掠曲面的限制线。扫掠曲面将通过限制线，在切线处与曲面相切。通常会有两个解，选择其中一个解，单击"OK"，即建立扫掠曲面，如图 4-103 所示。

图　4-103

6）用一条导引线、按给定半径与曲面相切（One guide and tangency surface）：选择一条导引线和要相切的曲面，输入圆弧的半径（可以定义变量半径），圆弧轮廓沿导引线扫掠并与曲面相切，如图 4-104 所示。通常有两个解，可以选择其中一个解。

图 4-104

7）用一条限制曲线和切面（Limit curve and tangency surface）：选择一条限制曲线和相切的曲面，输入圆弧的半径（可以定义变量半径），圆弧轮廓沿限制线扫掠并与曲面相切，如图 4-105 所示。通常有两个解，可以选择其中一个解。

图 4-105

（4）用圆锥曲线（二次曲线）轮廓建立扫掠曲面 用椭圆、抛物线和双曲线轮廓建立扫掠曲面时，不需要绘制轮廓线，只需绘制导引线。建立圆锥曲线有四种方法：

1）使用两条导引线（two guides）。

2）使用三条导引线（three guides）。

3）使用四条导引线（four guides）。

4）使用五条导引线（five guides）。

具体建立扫掠曲面的方法，这里不再赘述，读者可自己练习。

6. 建立放样曲面

放样曲面也称为多截面扫掠曲面（Multi-sections surface），就是截面轮廓在扫掠时本身可以逐渐变化，这样生成的曲面中的各个截面可以是不同的。建立放样曲面时，可以使用导引线、脊线，也可以选择各种连接方式。通过放样可以得到形状复杂的曲面。

建立放样曲面时，要先建立放样曲面通过位置的截面轮廓，通过这些轮廓进行放样。下面说明建立放样曲面的操作方法。

1）建立放样曲面的截面轮廓，如图4-106所示。

图　4-106

2）单击放样曲面工具图标，显示放样曲面定义对话框。

3）依次选择放样的各个截面轮廓，单击"Preview"（预览），建立放样曲面，如图4-107所示。

图　4-107

4）在各个截面间放样时，系统默认截面间用二次曲线过渡。若要按用户的要求在截面间过渡，可以使用导引线，单击Guides（导引线）选择框中的"…"符号，选择导引线，单击"Preview"，放样曲面如图4-108所示。

图 4-108

5）在放样时也可以选择一条曲线作为脊线（Spine），这时将在各个截面间用脊线计算放样。

6）曲面放样时，可以选择不同的连接方式。可以选择按截面比率连接（Ratio）、按截面相切不连续点连接（Tangency）、按相切连续而曲率不连续点连接（Tangency then Curvature）和按顶点连接（Vertices）四种自动连接方式。其中，Ratio 方式下各个截面的顶点数可以不同，其余三种方式的顶点数必须相同，否则会出错。也可以使用手动连接。

7）默认曲面在放样时，从第一个截面轮廓开始，到最后的截面轮廓结束。如果要用导引线或脊线来限制曲面的放样，可以在放样限制（Relimitation）选项卡中选择在开始端或结束端用导引线或脊线来限制放样。图 4-109 所示为在开始端用导引线限制放样曲面。

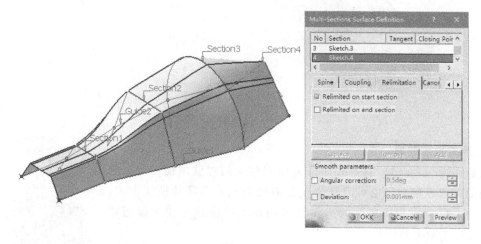

图 4-109

8）在 Canonical Surface 选项卡中，如果选择了 Canonical portion detection，系统会自动侦测，将平面型的曲面自动转换为平面。

9）在进行闭合截面轮廓的放样时，要注意调整闭合点的位置和闭合方向，如图 4-110

所示。使用默认闭合点，连接方式只能选择 Ratio，但是放样曲面会发生扭曲。

10）改变截面的闭合点。

① 在第一个截面（正方形）的闭合点图标（Closing point）上单击右键，在快捷菜单中选择 Remove（删除闭合点），然后在截面图标（Section1）上单击右键，在快捷菜单中选择 Create closing point（建立闭合点），在正方形上边的中点建立一个闭合点。

② 右键单击截面 2 的闭合点图标，在快捷菜单中选择 Replace（改变闭合点），选择五边形的上顶点作为新的闭合点。

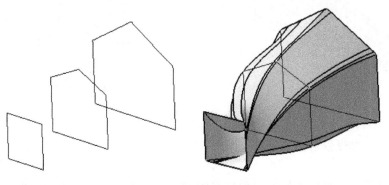

图 4-110

③ 方法同上，改变截面 3 的闭合点到上顶点，并注意三个截面的闭合方向一致（单击红色箭头，可以改变闭合方向）。并选择连接方式为 Vertices，如图 4-111 所示。

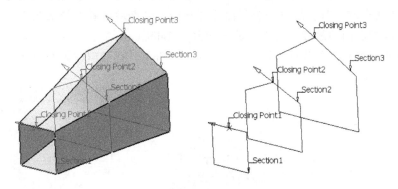

图 4-111

7. 建立混成曲面

混成曲面（Blend）就是在两个曲面间建立的过渡曲面，可以利用原曲面的边界建立，也可以定义过渡曲面与原曲面间的连续方式。混成曲面可以看成是用曲面的边界（或曲面上的曲线）作为截面轮廓，建立一个放样曲面。

建立混成曲面时，如果是闭合曲面，还需要调整闭合点，也可以选择连接方式。下面以建立一个圆柱曲面和一个矩形拉伸曲面的过渡曲面为例，介绍建立混成曲面的操作步骤。

1）建立一个圆柱曲面和一个矩形拉伸曲面，如图 4-112 所示。

图 4-112

2) 单击混成曲面工具图标 ，显示混成曲面对话框。

3) 选择第一个曲面的边界，再选择第一个曲面作为支承面；选择第二个曲面的边界，再选择第二个曲面作为第二支承面，如图 4-113 所示（非连续的边界，需要提取边界线）。

图 4-113

4) 在对话框的 Basic 选项卡中，定义混成曲面与两个已有曲面的连续方式。连续方式可以选择点连续（图 4-114a）、相切连续（图 4-114b）和曲率连续（图 4-114c）三种。

a)   b)   c)

图 4-114

5) 如果选择了两个开放曲面作为支承面，还可以选择混成曲面的边缘与支承面边缘是否相切连续，如图 4-115 所示。

第一边缘相切：None   第一边缘相切：Extremities   第一边缘相切：Start Extremities only

第二边缘相切：None   第二边缘相切：Extremities   第二边缘相切：End Extremities only

图 4-115

6）调整混成曲面的闭合点，最好将闭合点调整到混成曲面的同一母线上，这样生成的混成曲面会较规则，不会发生扭曲。闭合点调整的方法与放样曲面相同，可参照相关介绍。

7）选择 Tension（张力）选项卡，如果选择与支承面的连续方式为相切连续或曲率连续，可以调整混成曲面与两个支承面连接的张力，如图 4-116 所示。

8）单击"OK"，即建立混成曲面，如图 4-117 所示。

图　4-116

图　4-117

8. 建立填充曲面

填充曲面（Fill Surface）就是在一个封闭的边界内填充以建立曲面。边界可以是曲面的边，并可以定义填充曲面与原曲面的连续方式。填充曲面也可以通过空间一个给定的点。下面介绍建立填充曲面的步骤：

1）单击填充曲面工具图标，显示填充曲面对话框。

2）依次选择填充曲面的边界。若要定义填充曲面与已有曲面的连续方式，则在选择已有曲面的边界后，再选择支承面。按图 4-118 所示顺序选择：Curve 1、Curve 2、Support 2、Curve 3、Curve 4、Support 4。

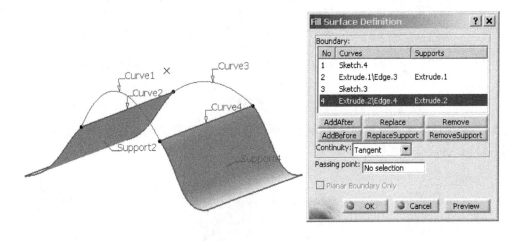

图　4-118

3）选择填充曲面与支承面的连续方式（Continuity）：点连续（Point），相切连续（Tangent）和曲率连续（Curvature）。单击"Preview"（预览），结果如图 4-119 所示。

4）单击 Passing point 选择框，选择一个空间点，填充曲面会通过这个点。单击"OK"

填充曲面，结果如图 4-120 所示。

| 图 4-119 | 图 4-120 |

建立填充曲面时，如果没有选择支承面和通过的点，则只在边界间建立简单曲面。

9. 建立偏移曲面

偏移曲面（Offset）就是将已有曲面偏移一个给定的距离，建立一个新的曲面，新建立的曲面与原曲面沿法线方向的距离处处相等，即等于给定的偏移距离。建立偏移曲面时，可以一次建立多个曲面。

建立偏移曲面的操作步骤如下：

1) 单击偏移曲面工具图标 ，显示定义偏移曲面对话框。

2) 选择参考曲面，并在 Offset 文本框中输入偏移量，单击"Preview"，显示偏移曲面，如图 4-121 所示。

图 4-121

3) 如果选择 Both sides 复选框，可在参考曲面的双侧建立偏移曲面，如图 4-122 所示。

图 4-122

4）如果选择 Repeat object after OK 复选框，即可在单击"OK"后重复建立偏移曲面。单击"OK"，显示重复建立偏移曲面对话框，如图 4-123 所示，在对话框中输入重复建立曲面的数目。选择 Create in a new Body 复选框，重复建立的曲面将记录在树上的一个新几何实体集中。

图　4-123

建立的偏移曲面在法向距离相等。建立偏移曲面时，偏移的距离要大于参考曲面内凹处的最小曲率半径，否则会出现错误。

4.2.3　建立曲面基础特征

完成的曲面可以生成实体特征，共有四种方法：用曲面分割实体、增厚曲面成为实体、将封闭曲面填充材料闭合为实体以及缝合曲面到实体上。

1. 用曲面分割实体

可以用曲面把实体分割为两部分，删除其中的一部分，保留部分的外形将依照曲面的外形。使用分割实体命令的操作方法如下：

1）进入零件设计工作台，单击分割实体工具图标，显示分割实体对话框。

2）选择要分割实体的曲面，图中橘色箭头指向要保留的实体部分，单击箭头可以翻转方向，选择保留实体的另一侧，如图 4-124 所示。

图　4-124

3）单击"OK"，实体被分割并保留选择的一侧，如图 4-125 所示。

2. 增厚曲面

增厚曲面就是为建立的曲面填充一定厚度的材料，形成实体。增厚曲面的操作方法如下：

1）在零件设计工作台中，单击增厚曲面工具图标 ，显示增厚曲面对话框。

2）选择要增厚的曲面，如图 4-126 所示。

3）在对话框中输入曲面要增厚的厚度值，在 First Offset 文本框中输入沿橘色箭头方向的厚度。在 Second Offset 文本框中输入值，可沿相反方向增厚。输入的厚度值可以是负值。单击图中的橘色箭头或对话框中的"Reverse Direction"按钮，可以翻转第一增厚的厚度方向。

图　4-125

图　4-126

4）单击"OK"，完成建立增厚曲面。

曲面增厚时，增厚的厚度不能大于曲面在内凹处的最小曲率半径，否则会出错。

3. 闭合曲面为实体

闭合曲面就是在一个封闭的曲面内填充材料，成为实体。闭合曲面时只要单击闭合工具图标 ，再选择曲面，单击"OK"，即可完成操作，如图 4-127 所示。

图　4-127

4. 缝合曲面到实体上

如果零件实体的局部表面形状较复杂，可以在实体的表面上建立一个曲面，在曲面与实体间填充材料，生成实体的局部表面，这称为缝合。缝合的操作方法如下：

1）单击缝合工具图标 ，显示缝合对话框，如图 4-128 所示。

2）选择要缝合的曲面，图中的橘色箭头应指向实体。

图　4-128

3）在对话框中选择 Intersect body 复选框，会在曲面与实体间的空隙填充材料，并把实体多余的部分分割删除，如图 4-129 所示。

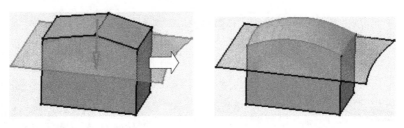

图　4-129

4）选择 Simplify geometry 复选框，会简化缝合后的实体，能合成一个表面的尽量合成为一个表面。

5）单击"OK"，即完成缝合实体。

任务 4.3　线架和曲面的编辑与检查

【学习目标】

1. 掌握曲线和曲面的连接、修补、分割和修剪的方法。
2. 掌握曲线和曲面分析检查的方法。

【工作任务】

1. 能够对曲线和曲面进行编辑。
2. 能够对曲线和曲面进行分析检查。

【相关知识】

编辑修改线架和曲面的工具共包括五种类型：曲面或曲线的连接和修补（Join Healing）、分割与修剪（Split Trim）、提取对象（Extracts）、延伸曲面或曲线的边界（Extrapolate）和变换（Transformations）。这些编辑修改命令都在操作（Operations）工具栏中，如图 4-130 所示。

图 4-130

1. 曲面或曲线的连接和修补

在曲面或曲线的连接和修补工具栏中，包括连接、修补、恢复和分解四个命令，用这些命令可以把一个或多个曲线或曲面，连接成一个对象，或将对象分解开。

（1）连接（Join） 使用这个命令可以把两个或几个相邻的曲线或曲面连接成一个对象，连接后生成一个新的曲线或曲面，原对象被隐藏起来。连接操作的步骤如下：

1）单击连接工具图标 ，显示连接对话框。

2）选择要连接的相邻曲面（或曲线），如图 4-131 所示。在选择的对象列表中单击右键可以编辑选择集。

图 4-131

在 Parameters（参数）选项卡中，可以选择多个选项：

① Check tangency：检查连接后的曲面是否相切连续。如果选择这个复选框，而连接的曲面不相切，会出现错误信息。

② Check connexity：检查被连接曲面的连续性。如果选择这个复选框，而曲面连接后不连续，会显示警告信息。

③ Simplify the result：简化连接后的曲面，系统会自动将连接后的曲面尽可能简化为简单曲面。

④ Ignore erroneous elements：忽略不允许连接的对象。

⑤ Merging distance：定义一个连接后的弥合误差，小于这个值，将被视为一个对象。

⑥ Angular Threshold：定义一个角度极限误差，若被连接对象在连接处的连接角度大于这个误差，曲面不会连接，并出现警告信息。

3）单击"OK"，选择的多个曲面被连接成一个曲面，原曲面会自动隐藏，如图 4-132 所示。

图　4-132

连接多条曲线的步骤与连接曲面类似，读者可自行练习。

（2）修补（Healing）　如果要连接的曲面间的间隙太大而不能连接，可以用修补命令填充曲面间的缝隙，使其连接为一个曲面。修补曲面的操作步骤如下：

1）单击修补工具图标，显示修补对话框。

2）选择要连接的曲面，选择的曲面出现在对话框的列表中，如图 4-133 所示。

图　4-133

3）在 Parameters（参数）选项卡中，设置以下选项和参数

① Continuity：选择曲面在连接处的连续性，可以选择点连续（Point）和相切连续（Tangent）。

② Merging distance：定义被修补曲面间缝隙的最大距离，大于这个距离的曲面将不修补。

③ Distance objective：定义修补后缝隙的最大距离，默认为 0.001mm，最大可以设置为 0.1mm。

④ Tangency angle：如果选择连续性为相切连续，可以输入修补处允许的角偏差。

⑤ Tangency objective：定义修补后的角偏差，范围为 0.1°～2°。

4）单击 Freeze（冻结）标签，打开冻结选项卡，可以选择被修补曲面冻结，修补时被冻结的曲面保持不变；选择 Freeze Plane elements 复选框，可冻结平面型曲面，如图 4-134 所示。

5）单击 Sharpness（锐边）标签，打开保持锐边选项卡，如果选择了相切连续方式，可以选择某个边保持锐边，还可以定义一个锐边的最大角偏差，如图 4-135 所示。

6）用 Visualization（可见性）选项卡，可以定义图中显示信息的方式，如图 4-136 所示。

图 4-134   图 4-135   图 4-136

7）单击"Preview"（预览），显示修补预览，图上显示修补后曲面出现的最大偏差值及其位置（例如！Dev：3.794mm），如图 4-137 所示。

8）单击"OK"，曲面被修补并成为一个新曲面，原曲面被隐藏，如图 4-138 所示。

图 4-137   图 4-138

（3）恢复（Untrim）使用这个命令可以恢复用分割命令（Split）分割的曲面或曲线，是分割命令的反操作。恢复操作步骤如下：

1）建立图示放样曲面，如图 4-139 所示。

2）用分割命令 ✂ 分割曲面（见后面的相关介绍），如图 4-140 所示。

图 4-139   图 4-140

3）单击恢复工具图标，显示恢复对话框。

4）选择要恢复的曲面（或曲线），对话框中显示选择的对象数和要恢复的对象数。

5）单击"OK"，分割的曲面被恢复，如图 4-141 所示。

图　4-141

这个命令不能恢复闭合曲面（如圆柱面）和无限曲面（如拉伸曲面），这是因为恢复这些曲面时，会建立一个原曲面外轮廓的恢复曲面，这个曲面与分割前可能不同。

（4）分解（Disassemble）　使用这个命令可以把复合元素分解开，如可以分解连接后的曲面或曲线、分解多段线为线段、把草图分解为线元素等。

分解时显示一个分解模式对话框，其中有两个选项：

1）All Cells：把选择的对象完全分解为基本元素（点、线、曲面等），如把多段线分解为线段、把草图分解为基本元素，如图 4-142 所示。

2）Domains Only：把选择的对象分解，每个相连接的部分为一个对象，如图 4-143 所示。

图　4-142

图　4-143

2. 分割和修剪

分割和修剪命令都是用来修剪曲线或曲面的，不同之处是分割是用一个对象修剪另一个对象，而修剪命令是相互修剪。

（1）分割（Split）　分割就是用一个对象把另一个对象分割成两个部分，删除其中的一部分。使用分割命令，需要先选择被分割对象（可以复选），再选择分割对象。分割对象可以选择多个，也就是说可以用多个对象去分割一个（或多个）对象。被分割或分割对象都可以是曲线或曲面。下面以曲面的分割为例介绍分割命令的操作步骤：

1）建立图 4-144 所示两个曲面，用一个曲面去分割另一个曲面。

2）单击分割工具图标![icon]，显示分割对话框。

3）选择被分割对象（Element to cut），再选择分割对象（Cutting elements），这时显示分割预览，将被删除的部分呈透明状，如图 4-145 所示。

图　4-144

图　4-145

4）单击"Remove"或"Replace"按钮，可以去除或替换选择的分割对象；单击"Other side"按钮，可以选择删除被分割对象的另外一侧。

5）被分割曲面与分割曲面有两处相交，用 Elements to remove 或 Elements to keep 可以选择只修剪一处，保留另一处。例如：单击 Elements to remove 选择框，选择①处的边，结果如图 4-146 所示，下边将不修剪。

6）选择 Keep both sides 复选框，曲面被切断成两部分，不删除。选择 Intersections computation 复选框，在分割和被分割曲面相交处建立截交线。选择 Automatic extrapolation 复选框，会自动延伸分割面（或线）到被分割曲面的边界，如图 4-147 所示，如果分割对象未延伸到被分割曲面的边界，不选择这个复选框，会显示错误信息。

图　4-146

图　4-147

7）如果被分割对象是一个实体，用 Result 中的 Surface 或 Volume 可以选择是分割表面还是实体。

8）单击"OK"，曲面被分割，如图 4-148 所示。

（2）修剪（Trim） 修剪就是将两个选择的对象相互修剪，使其成为一个对象。修剪方式有如下两种：

1）曲面相互修剪。

① 单击修剪工具图标，显示修剪对话框。

② 在 Mode 下拉列表中选择 Standard。

③ 选择第一修剪对象和第二修剪对象，显示修剪预览，被修剪掉的部分显示为透明状，如图 4-149 所示。

图 4-148

图 4-149

④ 单击"Other side/next element"或"Other side/previous element"按钮，可以翻转第一修剪对象或第二修剪对象被修剪掉的部分。

⑤ 选择 Result simplification 复选框，系统会自动计算修剪后的曲面，用尽量简单的曲面来表达结果。其他选项与分割命令相同，可参见分割命令的说明。

⑥ 单击"OK"，即建立修剪曲面，如图 4-150 所示。

2）多个元素相互修剪。

① 单击修剪工具图标，显示修剪对话框。

② 在 Mode 下拉列表中选择 Pieces。应用此种方式，可以把在空间相交的曲线等几何元素进行分段选取，所选部分为保留部分，其余删除。

③ 依次选择图 4-151 中三条直线，显示修剪预览，被选中的部分显示为桔色。

图 4-150

④ 单击"OK",即建立修剪曲面,如图 4-152 所示。

图 4-151　　　　　　　　　　　　　　　　　图 4-152

3. 提取对象

(1) 提取边界(Boundary)　使用这个命令可以提取一个曲面的边界,即作这个曲面的边界线。提取边界命令的操作方法如下:

1) 单击提取边界命令图标 ⌒ ,显示提取边界对话框,如图 4-153 所示。

图　4-153

2) 选择曲面上要提取的边界,在对话框中选择延续方式(Propagation type),可以选择四种延续方式:

① Complete boundary:提取全部边界,如图 4-154 所示。

② Point continuity:点连续延续,提取选择边点连续的边界,如图 4-155 所示。

③ Tangent continuity:相切连续延续,提取选择边相切连续的边界,如图 4-156 所示。

④ No propagation:不延续,只提取选择的边界,如图 4-157 所示。

3) 可以选择两个限制点,来限制提取的边界,如图 4-158 所示。

4) 单击"OK",即建立边界线。

(2) 提取(Extract)　使用这个命令可以提取几何对象上的点、线和面等几何元素,提取对象时也可以使用不同的延续方式:不延续、点连续延续、相切连续延续和曲率连续延续(只用于提取曲线)。提取命令的操作方法如下:

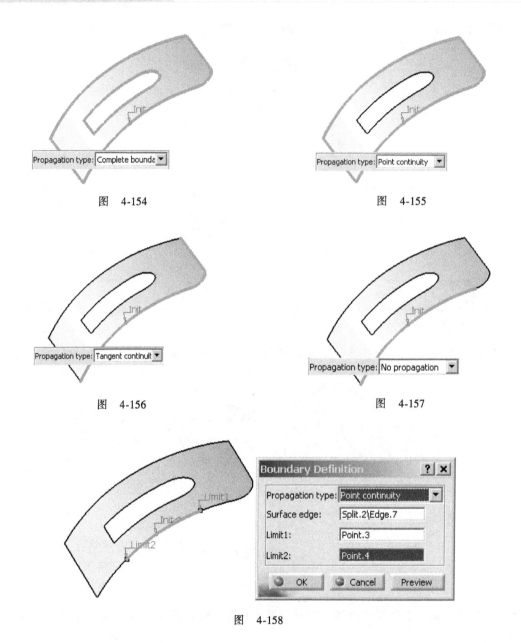

图　4-154　　　　　　　　　　图　4-155

图　4-156　　　　　　　　　　图　4-157

图　4-158

1）单击提取工具图标，显示提取对话框。

2）选择要提取的对象：点、线或表面。

3）确定延续方式（Propagation type），如图 4-159 所示。

4）如果选择 Complementary mode 复选框，可提取除选择的面以外的其余面。

5）单击"OK"，即建立提取曲面。

4. 延伸曲面或曲线的边界

使用这个命令可以延长曲面或曲线的边界，延长的长度可以用尺寸限制，也可以用一个对象来限制。外延部分与原对象可以定义不同的连续方式。延伸曲线或曲面的操作方法如下：

图 4-159

1）单击延伸工具图标 $\mathscr{P}$ ，显示延伸边界对话框。

2）选择 Boundary（要延伸的边界）。延伸曲面时，选择曲面的边界线；延伸曲线时，选择曲线的端点。这里选择曲线的端点。

3）选择 Extrapolated（要延伸的曲线），如图 4-160 所示。

图 4-160

4）选择 Limit Type（限制方式），可以选择延伸的尺寸（Length）或延伸到一个对象（Up to element），输入尺寸值或选择一个限制对象（面或线）。

5）选择 Continuity（延伸对象的连续方式），可以选择相切连续（Tangent）或曲率连续（Curvature），还可以选择一个支承面（Support），延伸线一定要在支承面上，否则会出错。

6）如果要延伸一个曲面，对话框中的选项稍有差异。图 4-161 所示为延伸一个曲面到另一个曲面，用 Up to 方式限制曲面的延伸。

7）选择延伸曲面的连续方式为相切连续（Tangent）。可以定义延伸曲面侧边与支承面的关系（Extremities）：延伸面与支承面的侧边相切（Tangent），或延伸面与选择的边界垂直（Normal）。还可以确定选择的边界的延续方式（Propagation mode）：不延续（None）、相切连续延续（Tangency continuity）和点连续延续（Point continuity）。在 Internal Edges 选择框中，可以选择延伸面内要保留的棱边。选择 Assemble result 复选框，可将延伸面与支承面组合为一个曲面，否则生成一个单独的延伸曲面。

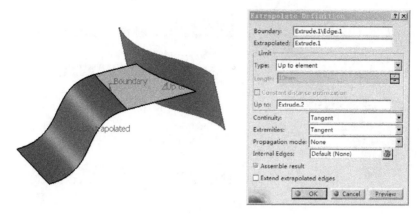

图   4-161

8）如果选择延伸曲面的延伸方式为曲率连续（Curvature），则只能用尺寸限制延伸曲面，不能选择侧边的选项和内棱边选项，如图 4-162 所示。

图   4-162

5. 曲线和曲面的变换

所谓变换，就是对几何体进行移动、旋转、对称、比例缩放等操作。变换操作的六种方法如图 4-163 所示。

图   4-163

（1）移动（Translate） 使用这个命令可以把曲线或曲面移动到一个新的位置，复制出一个新的对象。移动命令的操作方法如下：

1）选择要移动的对象，可以选择多个对象（按<Ctrl>键复选）。

2）单击移动工具图标![icon]，显示移动对话框，如图4-164所示。

图 4-164

3）在Vector Definition下拉列表中，可以选择以下三种定义移动方向参数的方法：

① Direction, distance：给定移动的方向和距离。

② Point-Point：选择两点确定位移。

③ Coordinates：定义对象沿 X、Y、Z 坐标方向移动的距离。

4）选择移动的方向，可以选择线、坐标轴或平面定义方向，或在方向（Direction）选择框中单击右键，选择快捷菜单中的命令。

5）在移动距离（Distance）文本框中输入移动距离。

6）单击"Hide/Show initial element"，隐藏原曲面。

7）如果移动的对象是一个实体，可以用 Result 选项选择是只移动实体的表面（Surface）还是移动实体（Volume）。

8）选择 Repeat object after OK 复选框，可以用复制的对象为参考对象重复移动复制对象。

9）单击"OK"，完成移动操作。

（2）旋转（Rotate） 使用旋转命令可以把对象绕一条轴线旋转，复制出新对象。旋转操作方法如下：

1）选择要旋转的对象（可以复选）。

2）单击旋转工具图标![icon]，显示定义旋转对话框。

3）选择旋转轴线，可以选择一条线或坐标轴作为轴线，或在轴线选择框中单击右键，选择快捷菜单中的命令。

4）输入旋转的角度，单击"Preview"（预览），如图4-165所示。

5）单击"OK"，完成旋转操作。

（3）对称（Symmetry） 使用这个命令可以建立一个对象关于空间中的一个点、一条线或一个平面的对称对象。对称操作方法如下：

图 4-165

1）选择要对称复制的对象，可以复选。

2）单击对称工具图标 ，显示对称定义对话框。

3）选择对称的参考对象，可以选择一个点、一条线或一个平面。这里选择 zx 平面，如图 4-166 所示。

图 4-166

4）单击"OK"，即建立对称曲面。

（4）比例缩放（Scaling） 使这个命令可以参考一个点或一个平面，把选择的对象按用户输入的比例系数缩放复制出一个新对象。比例缩放操作方法如下：

1）选择要缩放的对象，可以选择多个对象。

2）单击比例缩放工具图标 ，显示定义比例缩放对话框。

3）选择一个参考对象，可以选择一个点、一个平面或平面型表面，将选择的参考对象作为中性对象。如果选择一个点，将以这个点为中心缩放；若选择一个平面，将沿这个平面的法向缩放。图 4-167 所示为选择一个点作为参考对象；图 4-168 所示为选择一个平面作为参考对象。

4）在 Ratio 文本框中输入缩放比例系数，大于 1 为放大，小于 1 为缩小。如果输入的比例系数是负值，会建立缩放对象的对称对象。

5）单击"OK"，即建立缩放曲面。

（5）相似（Affinity） 建立相似对象时，可以定义一个用户坐标系，在这个坐标系中，可以沿 X、Y 和 Z 方向定义不同的缩放比例系数。相似命令的使用方法如下：

图 4-167

图 4-168

1）单击相似工具图标 ，显示定义相似对话框。

2）选择原对象，这里选择曲面。

3）选择一个点作为用户坐标系的原点，这里在原点（Origin）选择框中单击右键，在快捷菜单中选择建立点命令，建立一个原点。

4）选择一个平面作为 XY 平面。

5）选择 X 轴方向，定义用户坐标系。

6）输入各坐标方向的缩放系数，如图 4-169 所示。

图 4-169

7）单击"OK"，即建立相似曲面。

（6）坐标系间变换（Axis to Axis） 使用这个命令可以把选择的对象从一个坐标系变换到另一个坐标系。坐标系间变换操作方法如下：

1）首先建立一个新的用户坐标系，单击坐标系工具图标 ⊥ ，显示建立坐标系对话框。

2）选择新坐标系的原点，在对话框中原点（Origin）选择框中单击右键，选择 Coordinates 命令，在（0，80，0）处建立原点。

3）在 X axis 选择框中单击右键，选择 Rotation 命令，绕 X 轴旋转 -15°。

4）单击"OK"，即建立坐标系，如图 4-170 所示。

图 4-170

5）单击坐标系间变换工具图标 ⊥ ，显示坐标系到坐标系变换对话框。

6）选择要变换的对象，这里选择曲面。

7）选择参考坐标系（Reference），再选择目标坐标系（Target），单击"Preview"（预览），如图 4-171 所示。

图 4-171

8）单击"Hide/Show Initial Element"，可以隐藏原曲面。

9）单击"OK"，即在新坐标系中建立曲面。

6．曲线和曲面的编辑修改

（1）编辑修改对象 要编辑或修改线架或曲面对象，常用的方法就是双击这个对象，再重新定义这个对象。下面以修改一个拉伸曲面为例，说明线架或曲面对象的编辑修改方法。

1）选择 yz 平面，建立一个样条曲线草图，退出草图，建立图 4-172 所示的拉伸曲面。

图 4-172

2）如果要修改拉伸曲面的拉伸尺寸或拉伸方向等参数，在图中或在树上双击拉伸曲面（或右键单击拉伸曲面，在快捷菜单中选择×××.Object>definition），显示拉伸曲面对话框。在对话框中修改拉伸尺寸或方向等参数，如图 4-173 所示。修改完成后单击"OK"，关闭对话框，曲面自动更新。

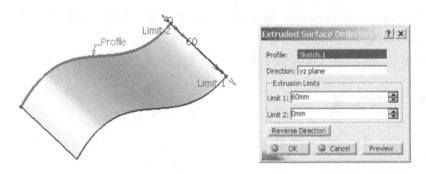

图 4-173

3）若想修改拉伸曲面的轮廓形状，要双击拉伸曲面的父对象——草图，进入草图器修改草图。退出草图后，曲面自动更新，如图 4-174 所示。

图 4-174

（2）删除对象 在 CATIA V5 中，要删除选择的线架或曲面对象，有三种常用的方法：

1）单击右键，在快捷菜单中选择 Delete 命令。

2）按键盘上的<Delete>键。

3）选择下拉菜单命令 Edit>Delete。

删除对象时，显示删除对话框（是否显示对话框可以在 Tools>Option>Infrastructure>Part Infrastructure>General 中设置），如图 4-175 所示。在对话框中，还可以选择：

图　4-175

1）Delete exclusive parents：删除上层父对象。

2）Delete all children：删除全部子对象。

3）Delete aggregated elements：删除相应的聚集元素，如建立的线的端点、混合设计（Hybrid design）中布尔运算的实体等。

单击"OK"，确认删除；若不想删除，单击"Cancel"。

任务 4.4 应用实例

【学习目标】

1. 会使用空间点、线、面的工具设计零件。

2. 会以曲面为特征设计零件。

【工作任务】

综合应用多种工具设计所给的零件。

4.4.1 线架设计应用实例

应用线架与曲面设计平台设计图 4-176 所示零件。

1）在计算机桌面上双击 CATIA V5R21 图标，启动 CATIA V5R21，进入如图 4-177 所示工作台界面。

图　4-176

2）在菜单栏中单击 File，选择 New 选项，建立一个以 Part 为扩展名的文件，如图 4-178 所示。

3）在菜单栏中单击 Start，选择 Mechanical Design>Part Design 选项，进入实体零件设计

工作台，如图4-179所示。

4）以xy平面为草图平面，完成如图4-180所示草图设计。

5）退出草图，用 (凸块) 功能，将草图轮廓向z轴正方向拉伸成厚度为25mm的凸块，如图4-181所示。

图　4-177

图　4-178

图　4-179

图　4-180

6）以方台上表面为草图平面，画一个以原点为圆心、直径为 180mm 的圆，如图 4-182 所示。

7）退出草图，用 （凸块）功能，将圆向 z 轴正方向拉伸成厚度为 25mm 的凸块，如图 4-183 所示。

图 4-181

图 4-182

图 4-183

8）以圆台上表面为草图平面，画一个以原点为圆心、直径为 160mm 的圆，如图 4-184 所示。

9）应用 （创建点）工具中的 （创建等距点）工具，在圆周上建立 5 个等分点，如图 4-185 所示。

10）以圆台上表面为草图平面，画一个以原点为圆心、直径为 80mm 的圆，如图 4-186 所示。

11）应用 （创建点）工具中的 （创建等距点）工具，在圆周上建立 5 个等分点。再应用 （旋转）工具，把建立的 5 个点旋转 36°，如图 4-187 所示。

图 4-184

12）在菜单栏中单击 Start，选择 Mechanical Design>Wireframe and Surface Design 选项，进入线架与曲面设计工作台，如图 4-188 所示。

图　4-185

图　4-186

图　4-187

图　4-188

13）应用 [线架工具栏] 中的 （创建点）工具建立空间点，该点以原点为参考点，坐标为（0，0，70），如图4-189所示。

14）按图4-190所示依次连接 φ160mm 和 φ80mm 圆上及坐标为（0，0，70）的点。

15）应用 （曲面工具栏）中的 （填充）工具，建立如图4-191所示的两个曲面。

图　4-189

图　4-190　　　　　　　　　　　　　图　4-191

16）应用 ▦ (操作工具栏) 中的 ▦ (旋转) 工具，将刚建立的两个曲面旋转复制4个，结果如图4-192所示。

图　4-192

17）应用 ▦ (操作工具栏) 中的 ▦ (连接) 工具，将建立的2个填充面和8个旋转复制的面连接为一个曲面，如图4-193所示。

18）在菜单栏中单击Start，选择Mechanical Design>Part Design选项，切换回实体零件设计工作台。

19）在实体零件设计工作台中，应用 ▦ (封闭曲面) 工具，在曲面和实体中填充实体，如图4-194所示。

图 4-193

图 4-194

20）将设计过程中的草图、点、线和曲面进行隐藏，设计结果如图 4-195 所示。

4.4.2 曲面设计应用实例

应用线架与曲面设计平台设计图 4-196 所示零件。

1）在计算机桌面上双击 CATIA V5R21 图标，启动 CATIA V5R21，进入如图 4-197 所示工作台界面。

2）在菜单栏中单击 File，选择 New 选项，建立一个以 Part 为扩展名的文件，如图 4-198 所示。

图 4-195

图 4-196

199

图 4-197

图 4-198

3）在菜单栏中单击 Start，选择 Mechanical Design>Wireframe and Surface Design 选项，进入线架与曲面设计工作台，如图4-199所示。

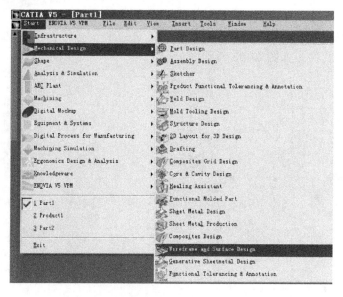

图 4-199

4）根据所给零件图，在 xy 平面上绘制草图，结果如图 4-200 所示。

5）为绘制出零件截面 1 的草图，建立与 zx 平面成 45°的角度面 1，如图 4-201 所示。

6）应用 （相交）工具，可得到角度面 1 与钩子的内轮廓线有两个交点，如图 4-202 所示。再应用 （提取）工具，将下步设计需要的点提取出来，并将之前的相交结果隐藏，结果如图 4-203 所示。

7）同样应用 （相交）工具和 （提取）工具，得到角度面 1 与钩子的外轮廓线有两个交点，将下步设计需要的点提取出来，并将之前的相交结果隐藏，结果如图 4-204 所示。

图 4-200

图 4-201

图 4-202

图 4-203

8）应用 ✏️ （直线）工具，将两点连接为直线。再应用 ▪ （点）工具，找到直线的中点，并以此中点为圆心，以角度面1为支承平面（Support），绘制圆截面，结果如图4-205所示。

图 4-204

9）为绘制出零件截面2的草图，建立与zx平面成−45°的角度面2，如图4-206所示。

10）重复步骤6）和步骤7），找到角度面2与钩子的交点，提取出需要的点后，将其余元素隐藏，结果如图4-207所示。

11）以角度面2为支承面，通过交点建立草图，结果如图4-208所示。

12）为绘制出零件截面3的草图，找到yz平面与钩子的交点，以yz平面为支承面，通过点建立草图，结果如图4-209所示。

图 4-205

图 4-206

图 4-207

图 4-208

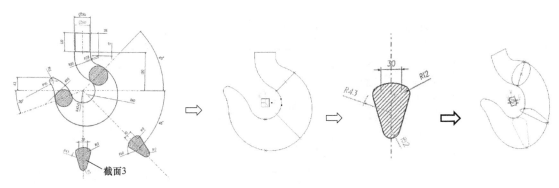

图 4-209

13）为绘制出零件截面 4 的草图，建立与 zx 平面成 20°的角度面 3，如图 4-210 所示。

图 4-210

14）重复步骤 6）~8），找到角度面 3 与钩子的交点，提取出需要的点后，将其余元素隐藏，以角度面 3 为支承面，绘制圆截面，结果如图 4-211 所示。

图 4-211

15）为画出钩子尖部，用 R12 的圆弧的起点和终点连接一条直线，该直线各向外延伸 2mm，用点工具找到直线的中点，结果如图 4-212 所示。

16）应用 （平面）工具，建立过直线并与 xy 面垂直的平面 4，结果如图 4-213 所示。

17）以直线的中点为圆心，以圆心到圆弧的起点（或终点）的长度为半径，以平面 4 为支承面画圆，结果如图 4-214 所示。

图 4-212

图 4-213

图 4-214

18）重复步骤 15）~17），在钩子的另一端绘制圆截面，如图 4-215 所示。

图 4-215

19）应用 ▦（连接）工具，将在草图中绘制的钩子的轮廓线合成为一条曲线，如图 4-216 所示。

20）应用 ◡（多截面曲面）工具，依次选取各截面及两个引导线，生成如图 4-217 所示曲面。

图 4-216　　　　　　　　　　　　　　　　　图 4-217

21）应用 • （创建点）工具，找到钩子尖部圆弧的中心，如图 4-218 所示。

图 4-218

22）以建立的点为球心，创建球体，如图 4-219 所示。

图 4-219

23）应用 （拉伸曲面）工具，以步骤 15）中建立的直线为轮廓，以 z 轴为方向建立拉伸曲面 5，如图 4-220 所示。

图 4-220

24）应用 （分割）工具，将拉伸曲面 5 下隐藏在钩子体内的球体部分删除，如图 4-221 所示。

图 4-221

25）应用 （填充曲面）工具，将钩子端部的圆截面填充为平面，如图 4-222 所示。

图 4-222

26）把操作中不需要的点、线和面等元素进行隐藏，应用 （连接）工具把构成钩子的三个曲面连接成一个曲面，如图 4-223 所示。

图 4-223

27）在菜单栏中单击 Start，选择 Mechanical Design>Part Design 选项，进入实体零件设计工作台，如图 4-224 所示。

28）在实体零件设计工作台中，应用 （封闭曲面）工具，在曲面和实体中填充实体，如图 4-225 所示。

图 4-224

图 4-225

项目 ❺

装配的设计与应用

装配零部件就是用计算机模拟现实的装配过程，通过约束把零部件联系在一起，并使其保留应有的自由度，使机器能实现预定的运动功能。

任务 5.1　初识装配设计

在装配设计工作台中，可以把零部件装配起来，形成一个产品。装配文件可以保存在磁盘上（文件扩展名为 CATProduct），在这个文件中保存各个零部件间的装配关系、约束状态和装配分析的结果等，而各个零部件的数据都保存在其各自的文件中。

【学习目标】

1. 了解装配设计模块的功能。
2. 掌握进入装配设计模块的多种方式。
3. 了解产品设计的一般步骤。

【工作任务】

学会应用多种方法进入装配设计模块。

【相关知识】

5.1.1　产品设计的概念

进行产品设计时，一般有两种设计方式：自上而下的设计方式和自下而上的设计方式。所谓"上"就是产品，"下"就是产品中的各个零部件。

自上而下设计时，先进入装配设计工作台，再逐个插入新的零部件，并对这些零部件逐个进行设计。设计零部件时是在零件的装配位置进行的，因此，设计完成后就形成了装配，不需再重新装配。

自下而上设计时，先在零件设计工作台中逐个设计各个零件，再进入装配设计工作台，插入已有的零件，进行装配。

在 CATIA V5 中，可以进行两种方式的混合设计。

装配也称为产品，是指部件、装配关系（约束）和装配特征等的集合。

从装配树上可以看出（图 5-1），装配就是根节点 Product1，其中 Quzhou、Liangan ass、Huosai、SCREW M6x16 等是部件。部件 Liangan ass 是一个子装配，而连杆体和连杆头是这个子装配中的部件。

图　5-1

部件的名称由两部分组成：前面是部件名，就是保存这个部件的文件名称；括号内的部分是在装配中对这个部件的引用名，只保存在装配文件中。

在装配树上每个部件名前面都有一个图标。在图标上有一个白纸背景的，表示这个部件有自己的磁盘文件。如果没有这个白纸背景，表示没有单独的磁盘文件，这个部件的数据将保存在它的上层装配文件中。

5.1.2　产品装配工作台用户界面

有多种方法进入装配设计工作台，在开始对话框中选择装配设计图标，如图 5-2 所示。在菜单栏中选择 File>New，在新文件对话框中选择产品（Product），如图 5-3 所示。选择菜单 Start>Mechanical Design>Assembly Design，或打开一个已有的装配文件等，都可以进入装配设计工作台。

图　5-2

图　5-3

装配设计工作台，用户界面如图 5-4 所示，包括以下常用工具栏：

1）产品结构工具栏（Product Structure Tools）：管理装配中的部件，如插入部件、放置部件等。

2）约束工具栏（Constraints）：为部件间建立约束，使其保持相对位置关系。

3）移动工具栏（Move）：在空间移动或转动部件，便于装配。

4）空间分析工具栏（Space Analysis）：分析部件的接触和干涉等。

5）装配特征工具栏（Assembly Feature）：建立凹槽、孔、布尔运算等装配特征。

5.1.3　产品设计的一般步骤

产品的类型不同，设计的方法也不尽相同，在 CATIA V5 中进行产品设计的一般过程如图 5-5 所示。

图　5-4

图　5-5

任务5.2　零部件装配设计

【学习目标】

1. 掌握装配文件的建立和保存方法。
2. 掌握零部件的约束方法。

【工作任务】

1. 能够对零部件进行约束。
2. 能够对装配文件进行管理。

【相关知识】

5.2.1 在装配中添加部件

1. 建立一个装配文件

进入装配设计工作台，就建立了一个装配文件，这个装配的默认名称是 Product1。这个装配文件可以保存到磁盘上。要改变装配的名称，可以在装配名称上单击右键，在快捷菜单中选择 Properties（特性），在特性对话框中的 Product（产品特性）选项卡中，修改 Part Number（产品的名称），如图 5-6 所示。

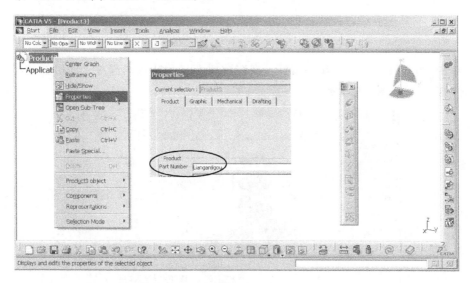

图 5-6

2. 添加部件

在装配中添加部件，可以使用产品结构工具栏，或使用 Insert 菜单中的菜单命令，也可以使用右键快捷菜单。产品结构工具栏如图 5-7 所示。

（1）插入已有部件 在 CATIA V5 中可以插入一个已有的零件或一个装配

插入新部件 插入子装配 插入新零件 插入已有部件 替换部件

图 5-7

作为当前产品的部件，这个部件必须是已经建立、并保存在磁盘上的文件。

将零部件插入后就可以在装配设计工作台中进行装配。如果这个部件的文件是由 CATIA V5 创建的，在装配中还可以修改部件，如果部件不是 CATIA V5 创建的，则只能装配，不能修改部件本身。

在当前装配中，插入已有部件的操作方法如下：

1）选择要插入部件的装配。

2）单击插入已有部件工具图标，或在装配树上单击右键，在快捷菜单中选择 Components>Existing Component，显示选择文件对话框，如图 5-8 所示。

3）在选择文件对话框中选择要打开的文件，可以配合使用<Ctrl>键和<Shift>键，选择打开多个文件。选择 Show Preview 复选框，可以显示选择文件的预览图。还可以选择以只读方式打开文件。

图　5-8

4）单击"打开"，打开选择的文件，在装配树上显示插入的部件，同时在模型显示区显示打开的部件，如图 5-9 所示。

图　5-9

如果选择要打开的部件有重名（相同的 Part number），会发生部件重名冲突，这时显示部件名冲突对话框，在对话框中可以选择重名的部件，进行手动改名（Rename）或自动改名（Automatic rename）。尽量选择手动改名，更改后的部件名会保存在装配文件和部件自己的文件中，如图 5-10 所示。

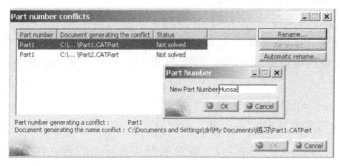

图　5-10

（2）插入一个新零件　这个命令可以插入一个新零件作为装配中的部件，插入后再按装配关系设计这个零件。插入新零件的操作方法如下：

1）在装配树上选择当前装配。

2）单击插入新零件工具图标 。

3）如果在系统选项中设置了手动输入部件名（Part Number），会显示输入部件名对话框，可以输入一个部件名。要设置手动输入部件名，可以选择 Tools>Options>Infrastructure> Product Structure>Product Structure>Part Number>Manual input，如图 5-11 所示。部件名也可以在部件特性（Properties）对话框中修改。

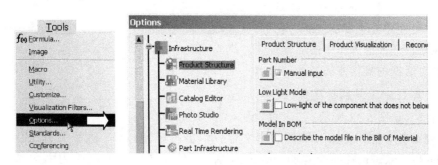

图　5-11

4）然后显示一个定义新零件坐标原点对话框，要求用户确定新零件的坐标系，如图 5-12 所示。

5）如果在对话框中单击"是"，需要选择一个点，以选择的点为新零件的原点，建立一个新的坐标系。如果要以装配设计工作台的坐标系作为新零件的坐标系，单击"否"。

图　5-12

这时在树上建立了一个新的部件，这个部件是一个零件型的部件。以后可以按装配关系来设计这个新零件。

（3）插入一个新的子装配　在当前装配中可以插入一个新的子装配，将来在这个子装配中，还可以插入部件。插入新的子装配的操作方法如下：

1）选择要插入子装配的装配。

2）单击插入子装配工具图标 。

3）在对话框中输入一个子装配名。

4）在树上显示新建立的子装配。

5）选择这个子装配，再插入这个子装配的部件。

（4）插入一个新部件　使用这个命令可以在当前装配中插入一个新部件，这个部件没有自己单独的磁盘文件，它的数据会保存在它的上层装配（父装配）中。插入新部件的操作方法如下：

1）选择要插入新部件的装配。

2）单击插入新部件工具图标 ![icon]。

3）在对话框中输入一个部件名。

4）在树上显示新建立的部件。

5）选择这个部件，再插入这个部件的子部件。

在装配设计工作台中，插入的零部件会记录在装配树上，插入的已有部件会在几何模型显示区中显示。随后就可以装配这些部件或设计产品中的新零件。

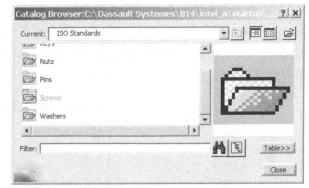

图　5-13

（5）插入一个库中的部件　如果在CATIA V5中已经建立了零部件库，就可以用库目录对话框来插入库中的零部件。使用库目录对话框的操作方法如下：

1）单击库目录工具图标 ![icon]，显示库目录对话框，如图5-13所示。

2）在对话框中打开要插入零件的库文件，双击打开章、节。这里打开 ISO 标准件库（ISO Standard），双击选择一个螺钉（Screws 章），双击打开 ISO 4762 内六角螺钉（ISO_4762_HEXAGON…节），如图5-14所示。

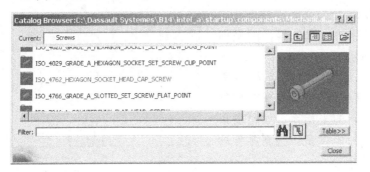

图　5-14

3）选择 M6×16 内六角螺钉，在对话框中，将这个螺钉的图标拖动到装配树中要插入的装配上，如图5-15所示，单击"Close"关闭对话框。

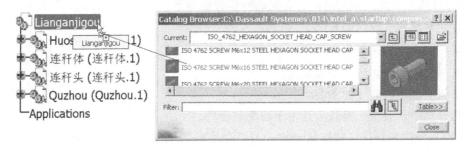

图　5-15

4）装配树上和屏幕上插入了一个部件，如果要修改这个部件的名称和部件标记，可在部件上单击右键，选择特性（Properties）命令，在特性对话框中修改。

3. 保存装配文件

建立装配文件并插入了部件后，就可以将这个装配及其部件保存到磁盘上。要保存装配文件，可以在文件（Files）菜单中选择保存命令进行保存。在文件菜单中有四个与保存相关的命令，如图 5-16 所示。

（1）快速保存（Save）　用这个命令只能快速保存当前的装配文件，而打开或新建的部件的文件不能保存。如果在这个装配中有新建或修改的部件，保存时会显示一个保存警告对话框（图 5-17），提示用户用保存管理（Save Management）命令可以保存其他打开的文件，是否继续保存，如果单击"确定"，则保存当前装配文件。

图 5-16

图 5-17

如果是新的装配文件，系统会显示保存文件对话框，如图 5-18 所示，要求用户为装配文件输入一个文件名并选择保存的路径。保存 CATIA V5 文件时，文件名只能用字母、数字或符号，不能使用中文文件名，否则会出现错误，因此，在为装配或零件文件命名时，最好使用英文、汉语拼音或图号等代号。

在保存文件对话框中可以选择保存的路径，在保存类型下拉列表中，还可以选择保存文件的类型，默认为 CATProduct。

图 5-18

（2）另存为（Save As）　使用这个命令可以把当前文件以一个新文件名保存或保存到另一个文件夹中。

（3）全部保存（Save All）　使用这个命令可以保存当前打开并修改过的全部文件，保存时如果有新文件或只读文件，会显示图 5-19 所示警告对话框，警告用户有的文件不能自动保存，是否保存这些文件，如果单击"取消"，将不保存这些文件；若单击"确定"，则显示另存为对话框，如图 5-20 所示。在对话框中选择每个要保存的文件，单击"Save As"按钮，显示 Save As 对话框，可以为新文件命名并逐个保存文件。

图 5-19

图 5-20

（4）使用保存管理器（Save Management） 执行这个命令时，显示保存管理对话框，如图 5-21 所示。在对话框中，可以决定在 CATIA V5 中打开的全部文件的保存方式，这是一个最常用的保存命令。

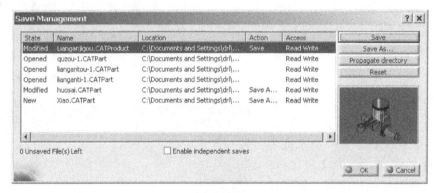

图 5-21

在对话框的列表框中列出了当前打开的全部文件，并显示了它们的状态、文件名、保存路径、动作及可访问状态。这些打开文件的状态有新文件（New）、打开的文件（Opened）和修改过的（Modified）三种。

选择一个文件，用对话框右侧的按钮来确定它们的保存方式：保存（Save）或另存为（Save As...）。保存的方式会在列表的 Action（动作）栏中显示，当确定了其中一个文件的保存方式后，其他的新文件或修改过的文件会自动保存（Save Auto）。

如果要把装配中的全部文件都保存到一个新的文件夹中，可以选择产品文件另存到一个新建的文件夹中。在保存管理对话框中单击"Propagate directory"（继承目录）按钮，全部文件会另存到产品文件的同一个文件夹中。

当执行了以上操作后，只是制订了一个保存的方案，如果要改变这个保存方案，可以单击"Reset"按钮，重置这个方案，再重新制订保存方案。

单击"OK"，系统开始按用户制订的保存方案保存每个文件，这时屏幕上会用滚动条显示保存进度。

5.2.2 利用约束装配部件

1. 自由移动部件

当部件都插入工作台后，为了便于装配和约束部件，需要把部件摆放开来，这时就需要移动部件。移动部件常用的方法有两种，一种是使用操作部件命令，另一种是用指南针移动部件。

（1）用操作部件命令来移动部件 用这个命令可以沿各个方向自由移动部件，也可以绕某个轴线转动部件，以便将部件摆放到期望的目标位置。操作部件命令的使用方法如下：

1）执行操作部件命令前保证要移动部件的父装配是当前活动装配。单击操作部件工具图标 ，显示操作部件对话框，如图 5-22 所示。

2）在对话框中选择要移动的方向或转动的轴线。

① ⚌：沿 x 轴方向移动。

② ⚌：沿 y 轴方向移动。

③ ⚌：沿 z 轴方向移动。

④ ⟶：沿选择的方向移动。

⑤ ⚌：在 xy 平面内移动。

⑥ ⚌：在 yz 平面内移动。

⑦ ⚌：在 xz 平面内移动。

⑧ ⚌：在选择的平面内移动。

⑨ ⚌：绕 x 轴转动。

⑩ ⚌：绕 y 轴转动。

⑪ ⚌：绕 z 轴转动。

⑫ ⚌：绕选择的轴线转动。

3）拖动要移动的部件，就可以沿选择的方向移动，或绕选择的轴线转动，如图 5-23 所示。

图 5-22

图 5-23

4）选择复选框 With respect to constraints，将会保持约束来移动或转动部件，也就是说，部件只能沿保留的自由度方向运动。

5）单击"OK"，即完成部件的操作。

（2）使用指南针操作部件 当指南针在默认位置（工作界面的右上角）时，可以用指南针来操作屏幕视图。如果把指南针拖动到部件上，就可以用指南针来移动或转动部件。用指南针来操作部件简单灵活，是操作部件常用的方法。该方法的具体操作如下：

1）将光标移动到指南针中间的红色方块标记处，光标显示为十字箭头，如图5-24所示。拖动指南针到要操作的部件上。

2）选择要操作的部件，拖动指南针上的U、V、W轴将沿这个轴线方向移动；拖动相应的面，则在这个平面内移动；拖动指南针上的弧线，将绕对应的轴转动部件。

图 5-24

3）当指南针拖动到部件上时，指南针的坐标方向与系统的坐标方向可能不一致，这时指南针的坐标用U、V、W表示。若要使指南针的坐标方向与系统的坐标方向一致，可以拖动指南针到工作界面右下角的系统坐标系图标上，对正即可。

4）也可以设置指南针自动捕捉到要操作的部件上（当要移动的部件隐藏在其他部件内部时，使用自动捕捉很重要）。在指南针上单击右键，在右键快捷菜单中选择 Snap Automatically to Selected Object（自动捕捉指南针到选择的部件上），如图5-25所示。

5）选择要操作的部件，指南针会自动跳到部件上，并与部件的坐标系对齐，这时拖动指南针上的元素就可以操作部件，如图5-26所示。

图 5-25

图 5-26

6）使用指南针，也可以精确地操作部件。若要精确地移动或转动部件，可将指南针自动捕捉到目标部件，在指南针上单击右键，选择 Edit…，显示指南针操作对话框，如图5-27所示。

7）在对话框中可以选择移动或转动时参考绝对坐标（Absolute）或当前装配的坐标系（Active object）。

在 Position 文本框中输入要移动部件的目标位置的 x、y、z 坐标，单击"Apply"，部件的原点将移动到目标点上。

在 Angle 文本框中输入要转动部件绕 x、y、z 轴转动的角度，单击"Apply"转动部件。

在 Translation increment 文本框中输入沿 U、

图 5-27

V、W 轴移动的增量值，单击 ⬇️⬆️，可以正向或反向移动部件。

在 Rotation increments 文本框中输入绕 U、V、W 轴转动的增量值，单击 ↩️↪️，可以正向或反向转动部件。

在 Measures 选项组中，可以设置用测量的距离或角度来移动或转动部件。单击按钮 "Distance"，在屏幕上选择两个对象（面、点或线），单击 🖊️🖊️，会按选择的两个对象间的距离移动部件。单击 "Angle" 按钮，在屏幕上选择两个对象（面或线），单击 🖊️🖊️，部件会按测量的角度转动。

8）单击 "Close"，即完成部件的操作。

当用指南针移动或转动部件时按 <Shift> 键，会保持约束移动或转动，如果设置了指南针自动捕捉到选择的部件，操作完成后不要忘记取消这个选择。

2. 建立装配约束

把部件摆放开后，就可以装配这些部件了。装配时，主要是利用约束，使部件间有确定的位置。约束部件后需要更新约束，才能使部件到达要约束的位置。为了使部件的约束过程顺利，通常需要选择手动更新方式（也是默认方式）。要设置装配的更新方式，可以选择菜单 Tools>Options>Mechanical Design>Assembly Design>General>Update>Manual，如图 5-28 所示。

图 5-28

建立约束时，可以使用约束工具栏或 Insert 下拉菜单中的约束命令。约束工具栏如图 5-29 所示。

图 5-29

（1）建立固定约束 🔒 在一个装配中，至少有一个部件是固定件。通常，固定件选择机架、壳体或底座等部件。固定件的自由度为 0。

要设置固定约束，可先选择被约束的部件，再单击固定约束工具图标 🔒。

默认施加的固定约束是在空间固定，即当移动这个部件后，单击更新工具图标 ◉，部件会返回到约束时的位置。也可以设置为相对固定方式，要设置为相对固定方式，可双击固定约束（在工作界面上或树上），显示固定约束对话框，如图 5-30 所示，单击对话框中的"More"（更多选择）按钮，取消选择复选框 Fix in space。这时如果移动这个部件，就会固定在这个位置。空间固定 和相对固定 在装配树上的图标不同。

图 5-30

（2）建立重合约束 使用这个命令可以约束两个部件中的元素重合，如线重合（共线或同轴）、面重合（共面）、点重合（共点）、线与面重合、点与线重合、点与面重合，如图 5-31 所示（注意：不要把这个命令单纯地理解为同轴）。

图 5-31

建立重合约束的操作方法如下：

1）单击重合约束工具图标 。

2）选择要约束的两个元素。如果选择一个圆柱表面，默认是选择这个圆柱面的轴线，如图 5-32 所示。

3）如果选择两个面重合，会显示图 5-33 所示对话框，确定两个重合面的方向：同向（Same）、反向（Opposite）或不定义方向（Undefined）。单击图中的绿色箭头也可以改变共面方向。

图 5-32

图 5-33

4）单击"OK"，即建立约束。单击更新工具图标 ，部件自动移动到约束的位置。

（3）建立接触约束 使用这个命令可以约束两个元素相接触，接触时，可以是面接触

（如两个平面接触）、线接触（如平面与圆柱面接触、圆与球面接触、圆与圆锥面接触）或点接触（如平面与球面接触），如图5-34所示。

面接触   线接触   点接触

图　5-34

建立接触约束的操作方法如下：

1）单击接触约束工具图标 。

2）选择两个要约束的平面，如图5-35所示。

3）如果选择线接触或点接触，会显示图5-36所示对话框，在对话框中可以选择接触的方向。

图　5-35

图　5-36

（4）建立偏移约束 　使用这个命令可以约束两个元素保持一个偏移距离，可以在部件的点、线、面等元素间建立偏移约束。建立偏移约束的操作方法如下：

1）单击偏移约束工具图标 。

2）选择要约束的两个元素，显示偏移约束对话框。

3）在对话框中可以输入偏移的距离，方向可以选择同向（Same）、反向（Opposite）和不定义方向（Undefined），如图5-37所示。

图　5-37

4）单击"OK"，即建立偏移约束。

可以在两个部件的点与点、点与线、点与面、线与线、线与面、面与面等元素间建立偏移约束。

（5）建立角度约束 ⬚ 可以选择两个部件上的线或面元素来建立角度约束。建立角度约束的操作方法如下：

1）单击角度约束工具图标 ⬚。

2）选择两个部件上要约束的元素（线或平面表面）。

3）在角度约束对话框的 Angle 文本框中输入约束角度，如图 5-38 所示。

图 5-38

4）当约束角度是 90°时，选择 Perpendicularity 选项；当约束角度是 0°或 180°时，选择 Parallelism 选项（需要定义两个面或线是同向或反向）。

5）单击"OK"，即建立角度约束。

（6）建立相互固定约束 ⬚ 使用这个命令可以把当前活动装配中的两个或多个部件固定到一起。建立相互固定约束的操作方法如下：

1）单击相互固定约束工具图标 ⬚，显示相互固定约束对话框，如图 5-39 所示。

2）选择要约束的部件（在树上或几何区）。要去除选择就再次单击这个部件。

图 5-39

3）可以在对话框中输入一个约束名，作为部件组的名称。

4）单击"OK"，即建立相互固定约束。

相互固定的部件，用操作命令或指南针也可以移动或转动，若按 Shift 键移动被相互固定的部件时，部件间会保持相互固定，即：移动一个部件，被固定的部件会随之一起移动。

（7）建立快速约束 ⬚ 建立快速约束时，选择两个要约束的部件，系统将根据用户选择的对象的类型和设置的快速约束顺序，自动建立一个适当的约束。

要设置快速约束顺序，可选择下拉菜单 Tools（工具）>Options（选项）>Mechanical Design（机械设计）>Assembly Design（装配设计）>Constraints（约束）>Quick Constraint（快速约束），用"↑"或"↓"来调整自动约束的顺序，如图 5-40 所示。

图 5-40

建立的快速约束，如果不是用户预期的约束，可以用替换约束的方法来改变约束类型。

（8）建立柔性/刚性约束 在一个装配中插入另一个装配时，插入的装配将作为当前装配的一个部件，即一个子装配。当要移动子装配中的一个子部件时，整个部件（子装配）会一起移动，也就是说，子装配的部件不能做相对运动。这样，在子装配中施加的约束就是一个刚性约束。如果将子装配中的约束修改为柔性约束，这时，在当前装配中也能操作子装配中的子部件间的运动。使用柔性约束的说明如下例：

在图 5-41 所示的装配中，部件 Product1 是一个子装配，在这个子装配中包括 Huosai、Lianganti、Liangantou 和 Xiao 四个子部件，如果在这个子装配中施加刚性约束，则在装配 Lianganjigou 装配中，这四个子部件是一个整体。即对当前装配 Lianganjigou 来说，Product1 是一个部件。用指南针拖动活塞时，其他子部件随之一起运动。

如果将活塞与连杆间的约束修改为柔性约束 ，则活塞也可以单独运动。

图 5-41

这样，选择一个刚性约束，单击 工具图标，可以把一个刚性约束修改为柔性约束，再次单击 工具图标，可以把柔性约束修改为刚性约束。

（9）建立替换约束 选择一个约束，单击 工具图标，显示替换约束对话框。在对话框中选择一个要替换的约束，单击"OK"，约束即被替换，如图 5-42 所示。

（10）装配约束规则 在部件间施加约束时，应遵循一些规则，违反这些规则的约束将无法施加。应遵循的规则包括：

1）只能在当前活动装配的部件间施加约束。

图　5-42

2）不能在同一个部件的两个几何元素间施加元素。

3）如果子装配不是活动装配，则不能在子装配的部件间施加约束。

图 5-43 所示为约束规则的说明。

约束①不能施加，因为 Product K 不属于活动部件 Product B。要定义这个约束，Product A 必须是活动的。

约束②不能施加，因为 Product E 和 Product F 二者属于 Product B 的不同部件。要定义这个约束，Product D 必须是活动的。

约束③可以施加，因为 Product C 属于活动部件 Product B 并且 Product E 包含在 Product D 中，它也包含在 Product B 中。

图　5-43

3. 更新装配约束

部件间施加约束后，并不能装配到位。需要更新约束，才能使部件按约束状态装配到一起。

当部件施加约束需要更新时，更新工具图标被加亮，单击工具图标，会更新全部约束。图 5-44 所示为更新前状态，图 5-45 所示为更新后状态。

图　5-44　　　　　　　　　图　5-45

（1）更新装配约束　更新装配约束时，可以一次更新全部约束，也可以单独更新一个约束。要更新全部约束，可单击 ⬡ 工具图标；要更新个别的约束，可在树上选择这个约束后单击右键，在快捷菜单中选择 Update 命令。

未更新的约束在树上的图标中有更新标记 🐌，并且在几何模型上的约束图标是暗绿色的。更新后，几何模型中的约束图标转变为明绿色，如图 5-46 所示。

图　5-46

（2）处理更新错误　在更新装配约束时，如果施加的约束中有错误，会显示更新诊断对话框，如图 5-47 所示。在对话框中会列出更新时出现错误的约束，并将错误约束置为无效（使其不起作用）。出现错误的约束大多数是由于过约束造成的。在更新诊断对话框中单击"Edit"，可以编辑这个约束。单击"Delete"可以删除这个约束。单击"Deactivate"可以使这个约束无效。

図　5-47

在装配树上，不同约束状态的约束会用图标标记表示。表 5-1 列出了这些标记的含义及解决方法。

表 5-1　约束状态

装配树标记	含　义	原　因	解决方法
🐌	未更新的约束	未更新或过约束	用更新命令更新这个约束，如果更新后仍然出现这个标记，可能是过约束，需要删除
🐌	无效约束	用 Deactivate 命令置为无效	单击右键，选择有效（Activate）命令或删除约束
🐌	错误的约束	约束定义错误或被约束的部件被删除	删除这个约束，或双击约束进行修改
🐌	正常约束	—	—

4. 隐藏装配约束

施加装配约束并更新后,部件将按约束关系装配到正确的位置。这时,约束图标会显示在工作界面上,要使几何模型的显示整洁,可以隐藏这些装配约束图标。隐藏装配约束的方法与隐藏几何体的方法一样,可以单独隐藏一个约束,也可以一次隐藏多个约束。

在要隐藏的约束上(装配树上或工作界面上的约束图标)单击右键,选择显示/隐藏(Hide / Show)命令,就可以隐藏(或显示)这个约束。

要隐藏多个约束,可以按<Ctrl>键,在树上逐个选择要隐藏的约束,单击隐藏/显示工具图标▨或选择右键菜单命令。

可以隐藏一个子装配中的全部约束,要选中一个部件的约束,可在这个部件上单击右键,选择部件对象(Object)下的 Component constraint 命令,选择这个部件中的全部约束,单击隐藏/显示工具图标▨隐藏这些约束。

在树上选择已经隐藏的约束,单击隐藏/显示工具图标▨会再显示约束。

任务5.3 装配的编辑与分析

【学习目标】

1. 掌握装配中引用的零部件编辑修改的方法。
2. 掌握装配分析的方法。

【工作任务】

能够对装配的零部件进行编辑和分析。

【相关知识】

5.3.1 编辑修改装配

1. 工作模式

在装配设计工作台中工作时,可以有两种工作模式:设计模式和可视模式。

使用设计模式工作时,零部件的屏幕显示和设计数据会全部加载到计算机的内存中。在这种工作模式下可以访问或修改每个零件及其特征,系统具有全功能。

使用可视模式工作时,只加载零部件的显示数据,而不加载它们的设计数据。在工作台中,只能查看这些部件,而不能编辑修改零件及其特征。当计算机配置不高,并且要做一个大型装配时,使用可视模式是一个很好的选择。

设计模式和可视模式的差异比较见表 5-2。

要使用可视模式,在系统选项中打开高速缓存系统即可。打开高速缓存系统后,CATIA V5 会自动以可视模式加载零件模型。要打开高速缓存,可选择菜单 Tools>Options,在选项对话框中选择 Infrastructure>Product Structure,在 Cache Management 选项卡中选择 Work with the cache system 复选框,如图 5-48 所示。

表 5-2　设计模式与可视模式差异比较

内　容		设计模式	可视模式
内存与性能	加载到内存	全部加载	部分加载
	加载和更新速度	正常	快
	显示性能	正常	正常
可见性	在显示空间的可见性	可见	可见
	在隐藏空间的可见性	可见	可见
	非着色模式的可见性	可见	可见
	在 DMU 和草图器中的可见性	可见	可见
	工程图中的可见性	可见	可见,自动转换到设计模式
装配约束与变换	施加装配约束	可以	可以,自动转换到设计模式
	装配约束的生成与更新	可以	可以,自动转换到设计模式
	移动或转动	可以	可以,自动转换到设计模式
分析	干涉分析	可以	不可以
	分析质量特性	可以	不可以
	测量尺寸	可以	不可以(除测量最小距离)
零件实体	在树上访问特征	可以	不可以
	编辑几何体	可以	不可以
	在装配中用其他零件中的元素定义特征(例如 up-to-plane)	可以	可以,自动转换到设计模式
	关系特征的生成或更新	可以	可以,自动转换到设计模式

图　5-48

　　在选项对话框中选择打开高速缓存系统后，系统会把要加载的零件的显示数据存储在一个临时目录中，在这个目录中保存要加载零件的 CATIA 图形文件（.cgr 文件）。在选项对话框中可以设置这个目录的路径。

　　打开高速缓存系统后，需要再次启动 CATIA V5 才能生效。

　　工作在可视模式时，根据执行的操作需要，会自动转换为设计模式。也可以在装配树的部件上单击右键，选择 Representations>Design mode 命令，将这个部件的设计数据加载，转换为设计模式。选择 Representations>Visualization mode 命令，会再转换为可视模式。

2. 删除部件

　　在装配设计工作台中可以删除无用的部件，删除的方法就是在装配树上选择要删除的部件，按<Delete>键或用右键快捷菜单选择 Delete 命令。部件从装配中删除时，只是从装配中移出了这个部件，如果这个部件已经保存，删除操作并不影响磁盘上已经保存的文件。

如果删除的部件是在装配设计工作台中建立的新零件，并且还没有保存，删除时会显示图 5-49 所示对话框，提示：要剪切或删除未保存的部件，这些部件从内存中移除时不会发出警告，这样将无法用回退（Undo）命令来恢复部件，你是否要编辑这些部件？如果在对话框中选择"是"，会在一个单独的窗口打开这个部件，同时在装配中删除这个部件；如果选择"否"，会直接删除这个部件；选择"取消"，则会取消删除命令。

图 5-49

如果要删除的部件在装配中与其他部件间已经建立了约束，当删除部件时会显示删除部件对话框，如图 5-50 所示。在对话框中选择 Delete all children 复选框，会同时删除与这个部件相关的约束，否则用户需要手动删除这些约束。

图 5-50

3. 复制部件

在装配设计工作台中，有时需要使用多个相同的部件，如在装配中使用多个相同的螺钉或螺母。要重复引用一个部件时，可以采用多种方法，如用复制粘贴的方法、重复引用命令或引用一个已有的阵列定义。

（1）用复制粘贴的方法复制部件 📋 📋　如果装配中重复引用的部件的数量不多，可以用复制、粘贴的方法重复引用部件。使用复制、粘贴的方法时，与其他 Windows 应用程序的操作方法一样，可以使用右键快捷菜单或快捷键，也可以使用拖动的方法。

复制、粘贴部件的操作方法如下：

1）在装配树上右键单击要复制的部件，在快捷菜单中选择 Copy（复制）命令。

2）在装配树上右键单击要添加部件的装配，在快捷菜单中选择 Paste（粘贴）命令。

3）装配树上显示新加入的部件，这个部件会由系统自动命名，如图 5-51 所示。

图 5-51

还可以在装配树上选择被复制的部件，按<Ctrl+C>键复制这个部件，再选择要加入部件的装配，按<Ctrl+V>键粘贴这个部件。

另一种方法就是在装配树上选择要复制的部件，按<Ctrl>键拖动部件到目标装配。

粘贴后得到的部件与原部件重叠在一起，可以用指南针移动部件，将它们摆放开，以便于装配。

（2）用重复引用命令复制部件 用重复引用命令可以在复制部件后，将部件沿着一个方向排列开。重复引用命令的工具图标有两个，一个是定义重复引用工具，另一个是快速引用工具。用快速引用命令可以按事先的定义作为默认参数，快速重复引用。使用重复引用命令的方法如下：

1）选择要复制的部件。

2）单击快速引用工具图标，显示对话框，如图 5-52 所示。

3）在对话框中的 Parameters（参数）下拉列表中选择排列方式。

① Instance（s）& Spacing：引用的数目和间距。

② Instance（s）& Length：引用的数目和总距离。

③ Spacing & Length：间距和总距离。

4）输入参数，如：引用数目为 4，间距为 20mm。

图 5-52

5）选择排列的方向，可以选择 x、y、z 方向，或选择一个元素来定义方向，也可以在 Result＝文本框中输入坐标分量来定义方向。单击"Reverse"按钮，可以改变排列方向。

6）选择 Define As Default（定义为默认参数）复选框，再次使用快速引用命令 时，将以这些参数作为默认参数。

（3）引用已有的阵列定义 在装配设计工作台中不能定义新的阵列，但可以引用已有的阵列定义。只要这个阵列特征在装配树上能够看到，就可以在装配中引用这个阵列定义。

图 5-53 所示的圆盘上有 6 个螺纹孔，现在插入了一个螺钉（SCREW M16×25.1），需要再复制 5 个同样的螺钉，可以引用螺纹孔的阵列定义来复制螺钉。螺钉复制后，可以同时完成装配。

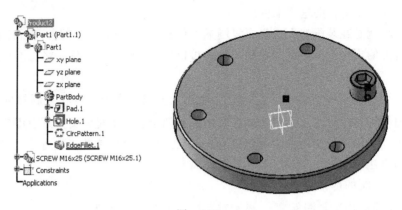

图　5-53

引用已有的阵列定义的操作方法如下：

1）单击引用阵列工具图标■，显示引用阵列对话框，如图 5-54 所示。

2）在装配树上选择要复制的对象，如 SCREW M16×25.1。

3）选择要引用的阵列，如 Product2 > Part1 > Part-Body > CircPattern. 1。

4）在对话框中选择 Keep Link with the pattern 复选框，可使复制的部件与被引用的阵列保持链接关系，即阵列的定义修改后，复制的部件随之改变。

5）确定是否同时在复制的部件上引用约束。选择 pattern's definition，只复制部件，不引用约束；选择 generated constraints，将同时引用原部件的约束，这时可以在 Re-use Constrains 列表框中选择引用哪个约束。

6）在 First instance on pattern 下拉列表中可以选择第一个阵列对象（原对象）的复制方式。

图　5-54

① re-use the original component：保留原对象，其余对象在装配树上依次复制。

② create a new instance：保留原对象，在原对象位置再复制一个对象。

③ cut & paste the original component：剪切原对象，再按阵列定义复制对象。

图 5-55 所示为采用 re-use the original component 方式复制。

7）选择 Put new instances in a flexible component 复选框，复制的部件将全部重叠在原部件上。

4. 镜像一个子装配

在进行产品设计时，经常需要建立对称部件，如汽车的车轮和车门都是左右对称的。当需要建立一对相互对称的部件时，可以只建立一个部件，另一个部件用镜像的方法得到。在 CATIA V5 中，建立对称子装配时，可以得到一个新的子装配，这个新的子装配可以保存到磁盘，也可以只是引用原部件而这个引用部件没有自己的磁盘文件。在引用部件时，还可以进行变换。

图 5-55

镜像子装配时，会有一个简捷的向导，完成向导中的两个步骤后，将显示镜像对话框。镜像子装配的操作方法如下：

1）单击建立对称子装配工具图标，显示操作向导对话框，如图 5-56 所示。

2）选择建立镜像的对称平面。

3）在装配树上，选择要镜像的部件（可以是一个零件，也可以是子装配）。

4）显示定义镜像参数对话框，如图 5-57 所示。

图 5-56

图 5-57

5）在对话框左侧的树状图中，可以选择镜像的子装配中子部件的镜像方式，在右侧可以选择镜像方式。

① Mirror, new component：镜像，得到一个新部件。

② Rotation, new instance：建立一个新的引用，引用时还可以选择对 xy、yz 或 xz 平面做对称旋转。

③ Rotation, same instance：对原部件做一个对称变换。

④ Translation，new instance：移动复制原部件，得到一个新的引用。

6）在对话框中选择 Keep link in position 复选框，镜像部件与原部件将保持位置的关联。如果修改了原部件的位置，镜像部件会自动改变位置，并保持与原部件关于镜像平面对称。

7）在对话框中选择 Keep link with geometry 复选框，镜像部件与原部件将保持几何形状和结构的关联。如果修改了原部件的形状或结构，镜像部件会自动被修改。

8）单击"Finish"，弹出镜像结果对话框，显示镜像中新部件的数目、新引用的数目和子部件的总数，如图 5-58 所示。

图 5-58

9）单击"Close"，关闭对话框并完成镜像操作，如图 5-59 所示。

图 5-59

5. 替换部件

如果插入的部件不正确，可以替换这个部件。替换部件就是删除一个部件，再添加一个部件的快捷方法。要替换部件，可以使用右键快捷菜单中的 Components>Replace Component 命令，也可以使用产品结构工具栏中的替换工具图标。替换部件的操作方法如下：

1）选择要替换的部件（或右键单击这个部件）。

2）单击替换部件工具图标（或选择右键快捷菜单命令 Replace Component）。

3）显示选择文件对话框，在对话框中选择替换部件，如图 5-60 所示。

4）单击"打开"，打开选择的部件，原部件被替换。

图 5-60

6. 重新组织部件

在一个装配中，可以把部件移动到同级装配上，也可以移动到下级子装配上，或移动到上级装配上。

当移动一个子装配时，可以使用剪切（Cut）、粘贴（Paste）的方式。用剪切、粘贴的方式时，可以使用右键快捷菜单，也可以使用快捷键或使用拖动的方式。当剪切、粘贴部件时，需要在装配树上进行。

具体操作方法就是在被移动的部件上单击右键，在右键快捷菜单中选择 Cut，然后在目标装配上单击右键，在快捷菜单中选择 Paste。或拖动要移动的部件到目标装配上即可。

5.3.2 在装配中编辑零件

在装配中可以编辑修改这个装配中的零件，还可以插入一个新零件，并在装配中按照零件的装配关系来设计这个新零件。

要编辑装配中的零件，可在树上双击要编辑的零件，系统会自动转换到零件设计（或线架曲面设计）工作台，这时就可以编辑修改零件中的草图或实体特征。编辑修改的方法与零件设计中的方法相同，这里不再赘述。下面重点介绍在装配中设计新零件的方法。

1. 按装配关系设计新零件

在装配中设计一个新零件时，可以选择屏幕上可见的对象作为参考，如：选择其他零件的表面作为草图平面，用其他部件上的元素向草图平面上投影（或截交）作为新零件特征的草图。

新建立的对象与参考对象间是否保持链接关系，可以在系统选项中设置。要保持外部参考的链接关系，选择下拉菜单 Tools>Options，在选项对话框中选择 Infrastructure>Part Infrastructure，在 General 选项卡中选择 Keep link with selected object 复选框，如图 5-61 所示。

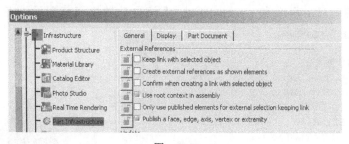

图 5-61

下面以建立活塞销为例，说明在装配中设计零件的方法。

1）在系统选项中选择 Keep link with selected object 复选框。

2）在装配中插入一个新零件 ，零件命名为 Xiao，使用系统坐标系。

3）在装配树上，双击零件 Xiao，系统自动转换到零件设计工作台，如图 5-62 所示。

4）选择活塞孔的端面画草图，将活塞孔投影到草图平面，退出草图设计工作台，如图 5-63 所示。

图 5-62

5）在零件设计工作台中，执行拉伸凸块命令，拉伸长度限制选择 Up to plane，选择活塞孔的另一个端面作为限制面，单击"OK"，建立活塞销圆柱，如图 5-64 所示。

图　5-63

图　5-64

6）选择销的两个端面，建立倒角 0.5mm×45°。

7）在装配树上双击根结点 Lianganjigou，系统自动转换回装配设计工作台，完成 Xiao 部件的设计，如图 5-65 所示。

图　5-65

在设计时，销的直径（孔的投影）、长度（用活塞的端面限制）和位置是选择活塞上的元素作为参考的，因此，销与这些选择的对象保持链接关系。销不需要约束。如果用指南针移动了销的位置，销会显示为红色，单击更新工具图标 @，销会自动回到相关联的位置。

如果更改了活塞的设计，如改变孔的直径或长度，更新装配后，活塞销的尺寸会自动发生改变。

2. 自动捕捉部件对齐

使用捕捉工具可以自动移动或转动部件，使部件上被选择的元素对齐。捕捉部件的元素对齐后，还可以自动施加必要的约束。

（1）捕捉 🔧 使用这个命令可以捕捉部件上的点、线或面，系统会移动或转动第一个选择的元素与第二个选择的元素对齐。对齐的方式见表5-3。

表5-3 捕捉部件中元素的对齐方式

第一选择元素	第二选择元素	对齐方式
点	点	共点
点	线	点与线重合
点	平面	点与平面重合
线	线	线与线重合(共线)
线	平面	线与平面重合
平面	平面	平面与平面重合(共面)

下面以一个轴零件与轴套为例，如图5-66所示，说明使用捕捉命令的操作方法。

图 5-66

1）捕捉轴套孔与轴的轴线重合。

① 单击捕捉工具图标 🔧 。

② 选择轴套孔圆柱表面。

③ 选择轴圆柱表面，轴套自动移动并与轴对齐，如图5-67所示。

④ 单击图中绿色箭头，可以改变对齐的方向。

⑤ 在屏幕上任意点单击鼠标，完成对齐操作。

图 5-67

2）捕捉轴肩与轴套端面对齐（共面）。

① 单击捕捉工具图标 🔧 。

② 选择轴套端面。

③ 选择轴肩表面，轴套端面自动移动并与轴肩对齐，如图5-68所示。

图　　5-68

④ 单击图中绿色箭头，可以改变对齐的方向。

⑤ 在屏幕上任意点单击鼠标，完成对齐操作。

（2）智能移动 🐾　使用智能移动命令可以在捕捉对齐后施加适当的约束。智能移动命令的操作方法如下：

1）单击智能移动工具图标🐾，显示 Smart Move（智能移动）对话框。

2）在对话框中，选择 Automatic constraint creation 复选框，并展开对话框。在对话框中可以改变自动约束的优先顺序。

3）选择孔与轴，单击"OK"，轴套移动并自动建立重合约束。

4）再单击智能移动工具图标🐾，显示智能移动对话框。

5）选择轴套端面与轴肩面，单击图中绿色箭头，可以改变端面的重合方向。

6）单击"OK"，轴套移动并自动建立接触约束。

7）更新装配约束，部件装配到位，并施加了适当的约束，如图 5-69 所示。

图　　5-69

使用智能移动命令是建立装配约束的一个快捷方法。

5.3.3　分析装配

1．测量装配

在装配设计工作台中可以对装配或部件进行各种测量，测量的结果可以保存到装配树上，这个结果可以用作知识软件的参数，也可以作为工程图中的尺寸标注。

装配设计工作台的测量工具栏中有三个测量工具：元素间测量、单项测量和惯性参数（或称为质量特性）测量，如图 5-70 所示。

（1）元素间测量 使用这个命令可以测量两个对象间的参数，如距离、角度等。具体测量方法如下：

1）单击元素间测量工具图标 ，显示测量对话框。

2）在对话框中选择测量方式，有三种测量方式。

① 元素间测量 ：每次测量两个对象间的参数（距离及角度）。

② 连续测量 ：链式连续测量尺寸。

③ 点式测量 ：以第一个对象为基点，测量其他元素与基点元素间的尺寸。

3）设置选择对象的模式，可以分别设置两个对象的选择模式。在 Selection 1 mode 和 Selection 2 mode 下拉列表框中可以设置选择对象的模式，如图 5-71 所示。

图　5-70

图　5-71

① Any geometry：默认的选择方式，可以选择点、线或面等任何元素，选择一个圆柱或圆锥时，默认是选择它们的轴线。

② Any geometry, infinite：选择无限几何对象，平面、直线或曲线。

③ Picking point：在几何实体上拾取点，拾取的点要在一条曲线上。

④ Point only：只选取点（顶点）。

⑤ Edge only：只选取曲面或实体的边。

⑥ Surface only：只选取曲面。

⑦ Product only：只选择产品。

⑧ Picking axis：在屏幕上拾取一个点，作为垂直于屏幕的一条直线，测量这条直线与其他对象间的距离或角度。

⑨ Intersection：相交，选择两条线或面，求它们的交点或交线。

⑩ Edge limits：曲面或实体边的端点。

⑪ Arc center：选择圆或圆弧的圆心。

⑫ Coordinate：坐标点，用对话框输入 x、y、z 坐标定义的点。

⑬ Center of 3 points arc：选择三点定义一个圆弧的圆心。

4）设置测量计算的模式（Calculation mode）。

① Exact else approximate：可能的情况下给出测量的精确值，否则给出近似值。

② Exact：计算出测量的精确值，如果无法计算精确值，会显示信息对话框，警告用户无法得到精确值。

③ Approximate：近似值，系统用近似的方法测量，给出近似值，近似值的前面有 "～" 标记。

5）按选择对象模式的要求，选择两个要测量的对象，工作界面上显示测量的结果，同时对话框下部的测量结果栏（Results）中也会显示测量的结果，如图 5-72 所示。

图　5-72

6）测量结果栏中显示的内容可以自定义。单击 "Customize..."，显示自定义测量结果对话框，如图 5-73 所示，在对话框中选择要测量的参数。

7）如果选择 Keep measure 复选框，测量的结果会保存到装配树上和工作界面上。如果不想看到工作界面上的测量值，可以隐藏。

8）单击 "Create geometry"，可以建立测量点或线等几何体。

9）单击 "OK"，完成测量。

（2）单项测量 　使用这个命令可以测量单个对象的尺寸，如长度、直径、半径、点坐标、面积、厚度和体积等参数。使用这个命令时只需选择一个对象。单项测量的操作方法如下：

1）单击单项测量工具图标 ，显示单项测量对话框。

2）设置选择对象的模式（Selection 1 mode），如图 5-74 所示，这些模式包括：

① Any geometry：默认的选择方式，可以选择点、线、面、部件等任何对象。

② Point only：只选取点（顶点）。

③ Edge only：只选取曲面或实体的边。

④ Surface only：只选取曲面。

⑤ Product only：只选取产品（部件）。

图 5-73

图 5-74

⑥ Thickness：测量选择点的壁厚。

⑦ Angle by 3 points：选择 3 个点，测量这 3 个点定义的两条直线的夹角。

3）选择被测量的对象，在工作界面和对话框中显示测量结果，如图 5-75 所示。

4）单击"OK"，完成测量。

在单项测量对话框中单击 图标，会自动将选择的模式设置为测量壁厚。

在单项测量对话框或元素间测量对话框中，都可以通过单击对话框中的图标在两种测量方式之间转换。

图 5-75

（3）测量惯性参数 　使用这个测量工具可以测量一个部件或一个元素的质量、面积、重心位置、主轴、主矩、对点的惯性矩和对轴的惯性矩等惯性参数。测量惯性参数的操作方法如下：

1）单击惯量测量工具图标 ，显示测量惯量对话框。

2）在对话框中定义测量类型：测量三维惯量 或二维惯量 。

3）选择要测量的对象（选择部件时，最好在装配树上选择），对话框展开，显示测量结果，如图 5-76 所示（图示为三维惯量参数）。

图　5-76

4）选择 Keep measure 复选框，测量结果会保存到装配树中。测量的参数通常与几何体相关联，这些参数可以作为函数中的参数来计算部件的强度、重量、刚度等。

5）单击"Customize..."，显示自定义对话框，可以自定义要测量的参数，如图 5-77 所示。

图　5-77

6）单击"Export"，可以输出一个文本文件，记录测量的参数。

7）单击"Create geometry"，可以在惯性中心建立一个点，或按主轴建立一个局部坐标系。

8）单击"OK"，完成测量。

二维惯性参数的测量这里不再赘述，读者可以自己练习测量。

2. 计算干涉和间隙

在 CATIA V5 装配设计工作台中，可以分析各个部件的装配关系，如部件间是否有干涉、间隙是否合理、接触情况等。

在装配设计工作台中，可以分析部件在空间占据的位置关系。进行干涉分析的命令有两个：计算干涉（Compute clash）和检查干涉（Clash），在这里只介绍计算干涉命令。在 CATIA V5 的数字模型（DMU）部分，有更强大的分析功能，读者可以参阅相关资料。

使用计算干涉命令的操作方法如下：

1）选择下拉菜单 Analysis（分析）>Compute clash（计算干涉），显示计算干涉对话框。

2）在 Definition 下拉列表中选择分析模式：Clash（干涉）或 Clearance（间隙）。

3）如果选择干涉分析，按<Ctrl>键选择两个部件，选择的部件会显示在列表框中。

4）单击"Apply"，在 Result（结果）栏中会显示计算的结果： Clash（干涉）或 Contact（接触），同时在工作界面上用红色显示干涉的部位，用黄色显示接触，如图 5-78 所示。

图 5-78

5）如果选择间隙分析，可在间隙文本框中输入间隙值，当部件间的间隙小于这个值时视为间隙不足，会显示警告。

6）按<Ctrl>键选择两个部件，选择的部件会显示在列表框中。

7）单击"Apply"，在 Result（结果）栏中会显示计算的结果： Clearance Violation（间隙不足）或 Contact（接触），同时在工作界面上用绿色显示间隙不足的部件，用黄色显示接触。

8）单击"Cancel"，关闭对话框，完成分析。

完成干涉检查后，再用测量工具检查干涉处的尺寸关系，对有干涉的部位进行修改，直到部件间不发生干涉且间隙合理。

3. 查看部件特性

在装配树上，右键单击部件，选择 Properties（特性）命令，可以查看部件的特性参数。在特性对话框中通常有四个标签，可以打开四个选项卡：Product（产品特性）、Graphic（图形特性）、Mechanical（机械特性）和 Drafting（工程图特性），在对话框中可以设置这些特性参数和选项。

（1）产品特性（Product） 在装配树上右键单击部件，在快捷菜单中选择 Properties 命令，显示部件特性对话框。在对话框中选择 Product 选项卡，可以设置产品特性，如图 5-79

所示。这些特性保存在部件自己的文件中。在
Part Number 文本框中可以修改部件（零件）名；
在 Revision 文本框中可以输入部件的修订版本；
在 Definition 文本框中可以标记文件的定义；在
Nomenclature 文本框中可以标记文件的类型；在
Description 文本框中可以输入注释。

（2）图形特性（Graphic）　如图 5-80 所示，
在这个选项卡中可以设置图形在屏幕上的显示特
性和全局特性。在图形特性（Graphic Properties）
中可以设置：

1）Color：模型在屏幕上显示的颜色。

2）Linetype：模型在屏幕上显示的线型。

3）Thickness：模型中的线条在屏幕上显示的
线宽。

4）Transparency：模型在屏幕上显示的透明度。

在全局特性（Global Properties）中可以设置：

1）Shown：部件是否在屏幕上显示。

2）Pickable：部件在屏幕上是否可选。

3）LowInt：部件在屏幕上是否用低照度显示。

还可以选择部件所在的层（Layers）和部件的渲染方式（Render Style）。

（3）机械特性（Mechanical）　在这个选项卡中可以查看部件的体积（Volume）、质量
（Mass）、表面积（Surface）、惯性中心的坐标（Inertia center）以及部件的惯性矩阵（Inertia
matrix）等参数，如图 5-81 所示。

图　5-79

图　5-80

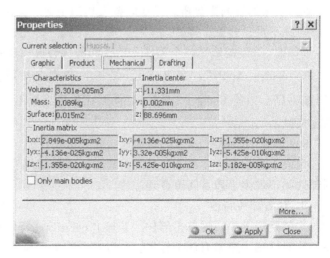

图　5-81

（4）工程图特性（Drafting）　在这个选项卡中可以定义部件在工程图中的表现，如图
5-82 所示。

1）Do not cut in section views：部件在剖视图中不剖切。

2）Do not use when projecting：部件在投影图中不投影。

3）Represented with hidden lines：用虚线表示出隐藏线。

图 5-82

4. 分析部件的自由度

空间中的一个自由部件（未施加约束）有6个自由度，包括3个移动和3个转动。固定部件没有自由度。

约束就是对部件自由度的限制，当部件间施加了约束后，一些自由度被限制，可以通过指令查看部件保留的自由度。要查看部件的自由度，可在装配树上右键单击这个部件，在快捷菜单中选择××××Object>Components degree of freedom，将在图上显示部件的自由度，如图5-83所示。图中可以看出活塞保留2个自由度，1个转动和1个移动，同时显示自由度分析对话框，如图5-84所示，在对话框中显示了转轴和移动的矢量方向。

图 5-83

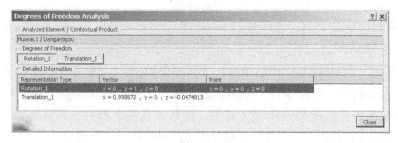

图 5-84

任务5.4 应用实例

【学习目标】

1. 会使用工具对零部件进行约束。

2. 会使用工具对装配进行编辑。

3. 会正确保存装配文件。

【工作任务】

能应用多种方法对零件进行装配设计。

以活塞、连杆、曲轴以及其他配件的装配为例，介绍零件装配的全过程。其中，活塞、连杆和曲轴为已经设计完成的零件，通过在装配设计工作台中的 Existing Component（插入已有部件）功能将它们调入到装配设计工作台，其余部件，如销、螺栓和螺母等配件在装配设计工作台的库目录中调用，没有单独的文件，将被保存在产品装配文件中。

应用装配设计工作台装配如图 5-85 所示产品。

1）在计算机桌面上双击 CATIA V5R21 图标，启动 CATIA V5R21，进入如图 5-86 所示工作台界面。

图 5-85

图 5-86

2）在菜单栏中单击 Start，选择 Mechanical Design>Assembly Design 选项，进入装配设计工作台，如图 5-87 所示。

3）应用 工具栏中的 工具将已设计完成的活塞、连杆和曲轴调入装配设计工作台。需将多个零部件调入工作台时，可按件依次调用，先调入一个部件，装配关系设计完成后，再调入另一个部件，其结果如图 5-88 所示。也可以将多个部件同时调入工作台，其结果如图 5-89 所示。本例以第二种方法为例进行讲解。

4）一次调入多个部件，部件之间会相互重叠，应用 工具分别拖动各个部件至合适位置，结果如图 5-90 所示。

5）应用 工具栏中的 工具对活塞施加固定约束，如图 5-91 所示。

6）应用 工具对活塞孔的轴线和连杆孔的轴线施加同轴约束，再对连

图 5-87

图 5-88

图 5-89

杆孔的端面和活塞孔的内端面施加共面约束，完成 huosai（活塞）与 liangan1（连杆 1）的装配设计，如图 5-92 所示。

7）应用 🖉（重合约束）工具对 liangan1（连杆 1）和 liangan2（连杆 2）的端面和两个孔施加共面和同轴约束，完成连杆的装配设计，如图 5-93 所示。

图　5-90　　　　　　　　　　　图　5-91

图　5-92

图　5-93

8）应用 （重合约束）工具对 liangan（连杆）孔和曲轴的轴线施加同轴约束，应用 （接触约束）工具对 liangan（连杆）孔的端面和曲轴的内端面轴线施加面接触约束，完成连杆与曲轴的装配，如图 5-94 所示。

图　5-94

9）单击 ，在库目录对话框中找到与活塞配合使用的 φ12mm、长度为 40mm 的销，调入装配文件并修改部件名称，如图 5-95 所示。

图 5-95

10）应用 (重合约束) 工具对销的轴线和孔的轴线施加同轴约束，应用 (偏移约束) 工具对销的端面和活塞孔的外端面施加偏移距离为 1mm 的约束，完成销与活塞的装配，如图 5-96 所示。

图 5-96

11）单击 ，在库目录对话框中找到与连杆配合使用的 M6×20 螺栓，调入装配文件并修改部件名称，如图 5-97 所示。

12）应用 (重合约束) 工具对螺栓的轴线和连杆孔的轴线施加同轴约束，应用

图　5-97

（接触约束）工具对螺栓的端面和连杆孔的端面施加面接触约束，完成螺栓与连杆的装配，如图 5-98 所示。

图　5-98

13）在 ◇ （目录浏览器）中找到与 M6×20 螺栓配合使用的 M6 螺母，调入装配文件并修改部件名称，如图 5-99 所示。

14）应用 ◎ （重合约束）工具对螺栓的轴线和螺母的轴线施加同轴约束，应用 ▦（接触约束）工具对螺母的端面和连杆孔的端面施加面接触约束，完成螺母与螺栓的装配，如图 5-100 所示。

图 5-99

图 5-100

15）装配设计完成后，需要对装配文件进行保存。在该实例中应用 Save Management（保存管理）命令对文件进行保存，如图 5-101 所示。

保存的结果如图 5-102 所示，所有的文件都保存在一个装配文件下。

图　5-101

图　5-102

项目⑥

工程图的设计与应用

在工程图设计工作台中，可以用设计完成的三维零件或装配（产品）生成工程图，也可以在这个工作台中绘制二维工程图。本章重点介绍用三维零件生成工程图的方法，同时也简单介绍绘制工程图的部分功能。

任务6.1 初识工程图设计工作台

【学习目标】

1. 掌握工程图的基本概念。
2. 掌握进入工程图设计工作台的方法与步骤。
3. 认知工程图设计工作台的用户界面和常用术语。

【工作任务】

1. 能正确进入工程图设计工作台。
2. 会选择图幅和制图标准。
3. 会设置工程图设计工作台的用户界面。

【相关知识】

6.1.1 工程图设计概述

1. 工程图的概念

所谓工程图，就是按一定的制图标准，绘制在图纸上的二维几何图形，用这个图形来表达三维零件（或装配）的结构和尺寸（或装配关系）。通常在一幅工程图中，包含投影视图、剖切图和各种辅助视图，还包含尺寸、公差标注和各种文字注释等。

在现代化设计、生产制造过程中，有了三维模型通常不必生成工程图样，但在有些生产过程中，还需要工程图作为辅助参考。

2. 生成工程图的一般过程

在CATIA V5中要生成工程图，需要先完成零件或装配设计，然后用三维零件或装配来生成工程图，生成的工程图与三维对象保持关联，当三维对象发生了设计变更时，通过更新工程图会自动反映出设计的变化。生成工程图的一般过程如图 6-1 所示。

图 6-1

6.1.2 进入工程图设计工作台

1. 进入工程图设计工作台的方法及步骤

要生成一个工程图，需要在零件设计工作台或装配设计工作台中先打开零件或装配模型。进入工程图设计工作台有多种方法，常用的方法包括：使用开始对话框（图 6-2），选择下拉菜单 Start（开始）>Mechanical Design（机械设计）>Drafting（草图）（图 6-3），或选择下拉菜单 File（文件）>New（新建），在建立新文件对话框中选择建立工程图文件（Drawing)（图 6-4）。

图 6-2

图 6-3

图 6-4

2. 工程图的自动布局形式

进入工程图设计工作台前，会先显示一个工程图设置对话框，在这个对话框中可以选择一个自动布局形式，如图6-5所示。

□：打开一个空白图纸，进入工程图设计工作台。

🎛：进入工程图设计工作台，自动生成全部投影视图。

🎛：进入工程图设计工作台，自动生成主视图、仰视图和右视图。

🎛：进入工程图设计工作台，自动生成主视图、俯视图和左视图。

图 6-5

在对话框的中间列表框中，显示当前工程图选择的标准、图幅和制图比例。可以单击对话框中的"Modify..."（修改）按钮，改变制图的标准、图幅和比例。

6.1.3 选择图幅和制图标准

在图6-5所示工程图设置对话框中，单击"Modify..."按钮，显示New Drawing（新图纸设置）对话框，如图6-6所示。在对话框中可以做如下选择：

1）Standard：制图标准，可以选择已制定的制图标准。

2）Sheet Style：图幅，可在下拉列表中选择，列表中的图幅是在标准中制定的。

3）图幅的方向：Portrait（纵幅）、Landscape（横幅）。

单击"OK"，关闭新图纸设置对话框。

在工程图设置对话框中，单击"OK"，进入工程图设计工作台。

图 6-6

如果在开始设计工程图时未选择制图的标准或图幅，或要修改标准、图幅等，可以在工程图设计工作台中，用下拉菜单File（文件）中的Page Setup（页面设置）命令进行设置。

6.1.4 工程图设计工作台的用户界面和术语

1. 用户界面

进入工程图设计工作台，显示的是一个二维工作界面，如图6-7所示，左边窗口显示一个树状图，记录工程图中的每个图纸页及图纸页中生成的各种视图。右边窗口是工作区，在这个区域中显示一个图纸页面，在图纸页面中可以建立各种视图等。

在窗口的周边是工具栏，工程图设计工作台中的工具栏较多，平时不常用的工具栏可以隐藏起来，在界面上只显示常用的工具栏。

工程图设计工作台中的常用工具栏包括：

1）视图工具栏：用以生成各种视图，包括投影图、剖视图、局部放大图、局部视图、

图　6-7

断开视图、局部剖视图和生成视图向导等，如图 6-8 所示。

图　6-8

2）生成尺寸工具栏：用以自动生成尺寸标注和零部件的编号，如图 6-9 所示。

3）绘图工具栏：用以建立新图页、视图和引用二维图形的命令，如图 6-10 所示。

图　6-9　　　　　　　　　　　　　　　　图　6-10

4）绘制工具栏：用以绘制点、线等几何体及绘制二维图，包括建立点、线段、圆及圆弧、多段线及预定义图形、样条曲线、连接曲线和二次曲线等，如图 6-11 所示。

5）修改图形工具栏：用以编辑修改二维图形、进行圆角或倒角、变换和建立几何约束，如图 6-12 所示。

6）尺寸标注工具栏：用于建立各种尺寸标注、特征尺寸标注、几何公差及基准，如图 6-13 所示。

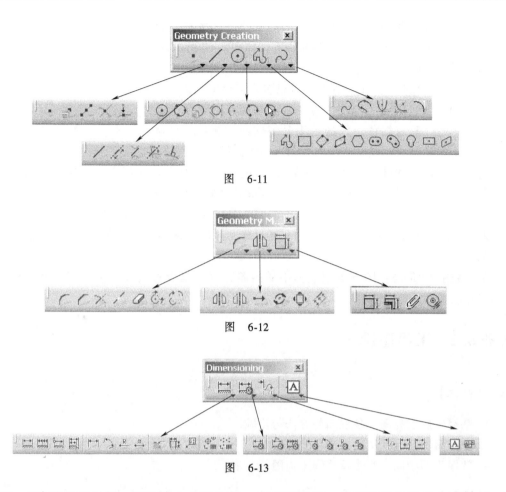

图 6-11

图 6-12

图 6-13

7）文字注释工具栏：用以建立文字注释、表面粗糙度、焊接符号以及建立表格等，如图 6-14 所示。

图 6-14

8）文字特性工具栏：用以修改文字的字体、字高、修饰、对齐方式和特殊符号等，如图 6-15 所示。

9）尺寸特性工具栏：用以修改尺寸标注的样式、公差形式和公差值等，如图 6-16 所示。

图 6-15

图 6-16

10）视图修饰工具栏：用以绘制圆的中心线、圆柱（圆锥）的轴线、螺纹符号、剖面线和箭头等，如图6-17所示。

2. 常用术语

在 CATIA V5 中，一个工程图中可以包含多个图纸页，每个图纸页中可以包含各种视图，每个视图在屏幕上显示为虚线框中的内容。具有红色边框的视图是当前活动视图，活动视图在树上显示有下画线，非当前活动视图的边框是蓝色的。

图　6-17

每一个工程图都可以保存为一个磁盘文件，工程图文件的扩展名是 . CATDrawing，在这个文件中可以保存用户在工程图设计工作台中建立的各种二维对象。

1）工程图（Drawing）：用户建立的二维工程图文件，可以保存在磁盘上。

2）图纸页（Sheet）：工程图中的一页图纸，可用于表达一个零件、一个装配或一个视图中的内容。

3）视图（View）：图纸页虚线框中的内容，可以是投影视图、剖视图、辅助视图等，当前操作的视图是红色边框。

任务6.2　工程图设计

【学习目标】

1. 掌握生成工程图及各视图的方法与步骤。
2. 掌握编辑修改视图的方法与步骤。
3. 掌握手动绘制、修改及修饰工程图的方法。

【工作任务】

1. 会使用工程图设计工作台生成各种视图。
2. 会编辑修改视图。
3. 会手动绘制、修改及修饰工程图。

【相关知识】

6.2.1　生成工程图和视图

当用户进入工程图设计工作台后，系统就会建立一个工程图文件，默认的文件名是 DrawingX. CATDrawing，同时在这个工程图中建立一个图纸页，默认这个图纸页的名称是 Sheet.1。这样就可以在这个图纸页上建立各种视图，用于表达零件或装配的形状、结构、尺寸和文字注释等。

在图纸页上可以建立的视图如下：

1）投影视图：主视图、俯视图、左视图、右视图、仰视图和后视图。

2）剖切图：剖视图和断面图，可以是普通剖或旋转剖。

3）辅助视图：局部放大视图、局部视图、断开视图、局部剖视图、向视图、轴测图和展开图。

下面介绍用空白图纸建立这些视图的方法。

1. 生成主视图

主视图是在工程图中建立的第一个视图，建立主视图前应保证要生成工程图的三维零件或装配文件已经打开。建立主视图的操作方法如下：

1）在工程图设计工作台，单击主视图工具图标 。

2）进入装配（或零件）设计工作台，在下拉菜单 Window（窗口）中选择装配（或零件）模型工作台窗口，也可以按键盘<Alt+Tab>键转换到装配（或零件）设计工作台，如图 6-18 所示。

图 6-18

3）在装配树上选择要投影的部件（如果是零件设计工作台，不需要选择），若不选择部件，意味着投影整个装配。这里选择 Huosai（Huosai.1），如图 6-19 所示。

4）选择主视图的投影平面，可以选择一个平面或平面型表面。当光标移动到平面上时，屏幕的右下角会显示当前平面投影的预览，选择这个平面，系统自动切换回工程图设计工作台。

5）在工程图设计工作台中会显示按投影平面投影视图的预览，同时界面的右上角显示一个视图转盘，用视图转盘中的上、下、左、右箭头可以翻转预览视图，每按一次翻转90°。单击视图转盘中间的弧形箭头（或拖动圆周上的手柄），可以旋转预览视图，默认每按一次旋转 30°，如图 6-20 所示。

在视图转盘的手柄上单击右键，可以设置旋转视图的选项：

① Free hand rotation：无级的自由旋转。

② Incremental hand rotation：有级增量旋转（默认旋转增量是 30°）。

③ Set increment：设置旋转时的增量值。

④ Set current angle to：设置一个旋转的角度，视图会一次旋转到期望的角度。

图　6-19

图　6-20

6）调整完成后，在屏幕上单击鼠标左键，生成投影视图，如图6-21所示。拖动视图的虚线边框，将视图放到图纸页的适当位置，完成主视图。

2. 生成投影视图

有了主视图后，就可以在工程图设计工作台中直接生成其他投影视图了。生成其他投影视图的操作方法如下：

1）单击投影视图工具图标█▪。

2）将光标放到要生成投影视图的位置。若要生成活动视图的俯视图，就把光标放在主

图 6-21

视图的下面；若要生成左视图，就把光标放到主视图的右侧。这时会在光标处显示预览，如图 6-22 所示。

3）在投影视图的位置单击鼠标左键，即生成投影视图，如图 6-23 所示。

图 6-22

3. 生成剖切图

用假想的平面将实体剖切开，用剖切图来表现实体内部或截面的结构和尺寸。剖切图包括两种：剖视图和断面图。剖视图（图 6-24）就是将实体剖切后，向剖切面方向投影后得到的投影视图；断面图（图 6-25）是剖切面与实体间截交的平面图。

对实体的剖切方法有两种：普通剖和旋转剖。

1）普通剖：包括全剖和阶梯剖，用一个或几个相互平行的剖切平面剖切实体。

图　6-23

2）旋转剖：用相交的多个平面剖切实体。

图　6-24

图　6-25

建立剖视图和断面图的工具图标如图 6-26 所示。

建立剖视图和断面图的操作方法相同，下面以建立剖视图为例，说明普通剖视图和旋转剖视图的建立方法。

（1）普通剖视图　普通剖视图包括全剖视图和阶梯剖视图，这两种剖视图的工具图标相同。

普通剖视图　旋转剖视图 普通断面图 旋转断面图

图　6-26

1）建立全剖视图的操作步骤如下：

① 确认要剖切的视图是活动视图，若不是活动视图，双击视图边框使其显示为红色，单击普通剖视图工具图标▨▨。

② 如图 6-27 所示，选择剖切面的第一点①，在②点处双击鼠标左键，移动光

图　6-27

标到右侧位置，在光标处会显示预览图。

③ 单击鼠标左键，即生成全剖视图，如图 6-28 所示。

图 6-28

2）生成阶梯剖视图的操作步骤如下：

① 单击普通剖视图工具图标🔲。

② 如图 6-29 所示，选择左侧圆①，依次单击选择点②、点③、点④，最后在点⑤处双击鼠标左键，移动光标到右侧，显示预览视图。

③ 在放置剖视图位置处单击鼠标左键，即生成阶梯剖视图，如图 6-30 所示。

图 6-29

图 6-30

在视图上建立剖切时，要作一条直线或正交的折线，在画线时可以自动捕捉视图中的线、点、圆弧等，也可以捕捉栅格。当选择视图中的圆（或圆弧）时，剖切线将通过这个圆（或圆弧）的圆心。在剖切线的最后一点，要双击鼠标左键结束折线。剖视图的方向，取决于光标拖动预览图的位置，当拖动光标到预定的位置，单击鼠标左键后才生成剖视图。

（2）旋转剖视图 建立旋转剖视图时，也要在被剖切视图上作一条折线，只是这条折线可以不是正交的。建立旋转剖视图的操作方法如下：

1）将被剖切视图设置为活动视图，单击旋转剖工具图标🔲。

2）如图 6-31 所示，选择圆①、圆②，再选择圆③，最后延伸折线，在点④处双击鼠标左键，移动光标时会显示剖视图预览。

3）将预览视图放到主视图的右侧，单击鼠标左键，得到左视的旋转剖视图，如图 6-32 所示。

图　6-31

图　6-32

在进行阶梯剖或旋转剖时，如果在工程图设计工作台上画折线定位有困难，可以在零件设计工作台（或装配设计工作台）中，用草图作出剖切线。建立剖视图时，选择这条草图线即可，具体操作方法如下：

1）切换到零件设计工作台，选择被剖切视图投影平面的任意一个平行平面（这里选择xy平面），进入草图器，画出剖切线草图后退出草图器，如图6-33所示。

图　6-33

2）在下拉菜单 Window（窗口）中选择工程图窗口，进入工程图设计工作台。

3）单击旋转剖工具图标 。

4）用 Window（窗口）菜单（或按<Ctrl+Tab>键）切换到零件设计工作台，选择剖切线草图，如图6-34所示。系统自动切换回工程图设计工作台。

5）在工程图设计工作台中显示预览图，如图6-35所示。

图　6-34

6）在预定生成剖视图的位置单击鼠标左键，即生成剖视图，如图6-36所示。

4. 生成辅助视图

辅助视图也是工程图中常用的视图。在 CATIA V5 中，可以生成局部放大视图、局部视图、断开视图、局部剖视图、向视图、轴测图和展开视图七种辅助视图。辅助视图主要是用来表达零件的局部结构和尺寸、减少视图的数量和节约图纸幅面，还可以帮助用户更好地阅读和理解工程图。

图　6-35　　　　　　　　　　　　　　　　　　　图　6-36

（1）局部放大视图　在 CATIA V5 中，局部视图的生成有两种方式：一种方式是从三维实体用布尔运算和投影的方式生成局部放大视图；另一种方式是用二维工程图，经修剪后直接引出并放大得到局部放大视图。局部放大视图可以用圆引出，也可以用多边形引出。这样，局部放大视图的命令就有四个，如图 6-37 所示。

图　6-37

建立局部放大视图时，无论是用三维零件生成还是二维图形生成，操作的方法和步骤是相同的。下面以圆引出、三维零件生成局部放大视图为例介绍操作方法，其他局部放大视图的建立方法类似。具体操作步骤如下：

1）确认被放大的视图为活动视图，单击局部放大视图工具图标 。

2）在被放大视图中选择引出圆的圆心①，选择圆心时系统能自动捕捉实体对象，也可以捕捉栅格（需要打开栅格捕捉 ）。

3）选择圆通过的点②，绘制一个引出圆。

4）移动光标时显示预览，在放置局部放大视图的位置单击鼠标左键，即生成局部放大视图，如图 6-38 所示。

图　6-38

5）默认的局部放大视图是把被放大视图的局部放大一倍。要改变局部放大视图的比例，可以在局部放大视图的虚线边框上单击鼠标右键，在弹出的快捷菜单中选择 Properties（特性）命令，在特性对话框中的 View（视图）选项卡中改变 Scale（视图比例）的值，例如，将比例 2：1 修改为 4：1，如图 6-39 所示。

图　6-39

6）在特性对话框中单击"OK"，视图的比例即改变。

（2）局部视图　当某个视图只需要表达局部特征和尺寸时，就可以将视图中不需要的部分删除，这样可以有效地节省图纸幅面。局部视图可以用圆引出，也可以用多边形引出，把圆内（或多边形内）的图线保留，将圆（或多边形）外的图线修剪掉，因此，局部视图有时也称为修剪视图。以圆引出局部视图的操作方法如下：

1）确认被修剪视图是活动视图，单击局部视图工具图标⊕。

2）在视图上选择圆心和圆通过的点，作一个圆。

3）系统自动将圆外的图线修剪掉，完成局部视图，如图 6-40 所示。

图　6-40

（3）断开视图　"断开"就是把视图的中间部分截断并删除，这样可以节省图纸的空间。通常，断开视图用于表达细长的截面没有变化的轴、截面变化规律相同的腹板类零件等，关键是断开后不影响视图对零件结构和尺寸的表达。建立断开视图的操作方法如下：

1）确认要断开的视图是活动视图，单击断开视图工具图标。

2）选择一点用来确定断开第一截面的方向，定义断开的第一个截面。

3）这时光标将拖动一条绿色的线，表示断开的第二截面，同时在屏幕上显示红色实线和绿色虚线，表示第二截面的绿色线只能在绿色虚线范围内选择，不能在红色实线区域内选择，如图6-41所示。

4）在绿色虚线区域单击鼠标左键，确定第二截面的位置。图中显示两条绿色线，表示断开的两个截面。

5）在屏幕的任意位置单击鼠标左键，视图在第一截面和第二截面间被断开，中间部分被删除，视图更新后重新生成，如图6-42所示。

6）如果要使断开视图恢复到原来的状态，可在断开视图的边框上右键单击鼠标，在快捷菜单中选择××××object>Unbreak命令，就可以恢复到原来的状态。

图 6-41 图 6-42

（4）局部剖视图 局部剖视图就是在原有的视图上进行局部的剖切，用来表现剖切部分内部的结构和尺寸。使用局部剖视图可以使图面更简洁清晰。建立局部剖视图就是假想用一个封闭的多边形柱面向内切入，再用一个横向平面剖切，将剖切掉的部分移出，暴露出内部的结构。局部剖视图的建立方法如下：

1）确认被剖切视图为活动视图，单击局部剖视图工具图标。

2）作一个封闭多边形表示切入的平面。在界面上拾取点绘制多边形，使起点和终点重合，成为封闭多边形，如图6-43所示。

3）这时屏幕上显示三维预览窗口，用来确定横向剖切面的位置，如图6-44所示。在三维窗口中可以拖动横向剖面，以便确定位置。在视图上选择对象，横向剖面会自动定位到选择的对象上，如选择图示圆，横向剖面将通过这个圆的圆心。在三维视图窗口中，如果选择 Animate（活动）复选框，当光标移动到工程图中的某个视图处时，三维视图会自动翻转到视图的投影方位。

图 6-43

4）单击"OK"，生成局部剖视图，如图6-45所示。

图　6-44

图　6-45

（5）向视图　向视图就是按用户指定的投影平面建立的投影视图。当要表达零件某个倾斜表面上的结构时，向视图是一个很好的选择。建立向视图的操作方法如下：

1）确认被投影视图是活动视图，单击向视图工具图标 。

2）选择视图上的投影面，或选择两个点作一条线段来定义投影平面，如图6-46所示。移动光标，会在光标处显示向视图预览，如图6-47所示。

图　6-46　　　　　　　　　　　　　图　6-47

3）在图面的适当位置单击鼠标左键，即生成向视图，如图6-48所示。这时，向视图的位置与被投影视图是保持对齐关系的。要使它们不保持对齐关系，可在向视图的虚线边框上单击右键，在快捷菜单中选择 View Positioning（视图位置）>Position Independently of Reference View（不与参考视图对齐）命令，然后拖动向视图边框，可以将向视图放到任意位置，如图 6-49 所示。

图 6-48

4）要改变向视图的表达方式，可在向视图边框（或树上）单击右键，在快捷菜单中选择 Properties（特性）命令，在特性对话框中可以修改视图的各种特性。

如果生成的向视图只是要表达斜面上的局部特征，就可以在向视图上进行修剪，得到局部视图。

（6）轴测图　轴测图就是在二维平面上表达的立体图形（也就是从空

图 6-49

间的一般视点观察的投影视图）。在手工绘图时，轴测图并不常用，但在计算机绘图中应尽量采用轴测图，因为使用轴测图会更便于读者理解视图，也有助于表达零件空间特征。

建立轴测图的方法与建立主视图的方法类似，轴测图的投影平面就是显示屏幕平面。建立轴测图的操作方法如下：

1）单击轴测图工具图标回。

2）转换到零件（或装配）设计工作台（在 Window 菜单中选择相应的工作台窗口）。

3）在零件（或装配）设计工作台中，将零件转动到一个合适的视点角度，在零件的任意位置单击鼠标左键，选择界面的显示平面作为投影平面，系统自动转换回工程图设计工作台，如图 6-50 所示。

4）在工程图设计工作台中显示轴测图预览，可以用视图转盘来翻转或旋转预览视图。在工程图的任意点单击鼠标左键，即生成轴测图，如图 6-51 所示。

在建立轴测图时，调整零件或装配的视点非常重要，调整好视点不但可以增强轴测图的立体感，还可以使零件的结构和特征表达得更清楚。

在装配中建立一个零件的轴测图时，需要在装配树上先选择零件，然后再选择投影平面。要建立装配的轴测图，不需要选择对象，只要调整好视点，直接选择投影平面即可。也可以在装配中建立一个 Scene（场景），建立装配的爆炸视图，如图 6-52 所示。

图　6-50   图　6-51

图　6-52

（7）展开图　展开图通常用于钣金零件生成下料的工程图，这种视图通常与钣金设计工作台或曲面设计工作台配合运用。

6.2.2　编辑视图的布局和特性

1. 修改视图或图页的特性

（1）视图特性　视图的比例、显示方式、修饰情况等特性在生成视图后也可以修改，不同类型的视图有不同的特性。要修改视图的特性，可以按下述方法操作：

1）在要修改的视图边框（或在装配树上），单击右键，在快捷菜单中选择 Properties（特性）命令，如图 6-53 所示。

2）在视图特性对话框中，可以修改 View（视图特性）和 Graphic（图形特性），如图 6-54 所示。

3）在 View（视图特性）选项卡中，可以修改视图的以下特性：

① Display View Frame：是否显示视图的边框。

② Lock View：是否锁定视图。

③ Visual Clipping：视图可见性修剪，通过调整一个矩形窗口，确定视图的可见部分。

图 6-53

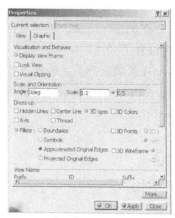

图 6-54

④ Scale and Orientation：视图的比例和方向，在 Angle（角度）文本框中可以改变视图的显示角度，在 Scale（比例）文本框中可以改变视图的比例。

⑤ Dress up：选择视图中是否显示修饰线，包括 Hidden Lines（隐藏线）、Center Line（中心线）、Axis（轴线）、Thread（螺纹）、Fillets（圆角符号）、3D Points（三维空间的点）等。

⑥ View Name：定义视图名的显示内容，可以设置视图名的前缀（Prefix）和后缀（Suffix）。

⑦ Generation mode：视图的生成模式。可以用四种模式生成视图：Exact view（精确）、cgr（CATIA 图形文件）、Approximate（近似）和 Raster（光栅）。默认生成视图是精确模式。

（2）图页特性　在树上右键单击图页（默认为 Sheet. x），在快捷菜单中选择 Properties（特性）命令，显示特性对话框。在对话框中可以设置图页的以下特性：

1）Sheet name：视图名（默认为 Sheet. x），可以修改。

2）Scale：绘图比例。

3）Format：图幅尺寸。选择 Display（显示）复选框，会显示图幅。

4）Projection method：投影原理，可以选择 First angle standard（第一象角）或 Third angle standard（第三象角）投影，GB 和 ISO 标准采用第一象角投影。

5）Generative views positioning mode：生成视图的放置方式，可以选择 Part center of gravity（按零件重心对齐）或 Part 3D axis（零件三维坐标系对齐）。

6）Print area：打印区域，可以设置图纸页的打印范围。

2. 重新布置视图

生成的投影视图或向视图默认的位置与主视图是保持对齐关系的，拖动视图的边框就可以按视图的对齐关系移动视图的位置（当拖动主视图的边框时，会移动全部投影视图）。这种对齐关系可以取消，也可以在图面上按用户的要求随意布置每个视图。

（1）改变视图的对齐关系　用活动视图生成的左视图（右视图）或俯视图（仰视图）是保持平齐和对正关系的，活动视图是这些投影视图的参考视图。可以用右键快捷菜单的 View Positioning（视图布置）中的命令来改变这些视图的位置关系。操作方法如下：

1）在要改变位置的视图边框上单击右键，在右键快捷菜单中选择 View Positioning（视图布置）>Position Independently of Reference View（不与参考视图对齐），如图 6-55 所示。

2）拖动视图边框，视图与参考视图脱离了对齐关系，这样视图就可以拖动放置在图纸的任意位置了。

3）在脱离对齐关系的视图边框上，再次单击鼠标右键，在快捷菜单中选择 Position According to Reference View（与参考视图对齐）命令，视图即又恢复对齐关系。

图　6-55

（2）叠放视图　要使两个视图对齐重叠在一起，可以在要叠放的视图边框上单击右键，在快捷菜单中选择 View Positioning（视图布置）>Superpose（叠放），再选择要叠放到的视图边框，两个视图会重叠到一起。

（3）按图形元素对齐视图　可以分别选择两个视图中的两条线对齐，从而对齐两个视图。在要对齐的视图边框上单击右键，在右键快捷菜单中选择 View Positioning（视图布置）>Align Views Using Elements（用元素对齐视图），再分别选择两个视图中的两条线①和②，使这两条线对齐，这样就对齐了两个视图，如图 6-56 所示。

图　6-56

（4）调整视图的相对位置　在要调整位置的视图边框上单击右键，在快捷菜单中选择 View Positioning（视图布置）>Set Relative Position（设置相对位置），这时视图上显示十个定位点和一条定位线，如图 6-57 所示。

图　6-57

1）单击定位线端点处的黑色方块（定位点），红色点会在黑色方块中闪动，选择要调整相对位置的视图边框，定位线的端点自动对齐到目标视图的中心，如图 6-58 所示。

2）拖动定位线，可以改变定位线的长度，如图 6-59 所示。单击定位线，定位线加亮闪动，再选择视图中的一条线，定位线就会与选择的线对齐。

图　6-58　　　　　　　　　　　　　图　6-59

3）拖动定位线绿色端点，可以绕定位线的另一端转动。选择视图中的定位点，这个定位点会自动对齐到定位线的绿色端点。

4）在图上的任意点单击鼠标左键，完成调整视图的相对位置。

3. 修改剖视图、局部放大视图和向视图的投影方向

当剖视图、向视图或局部放大视图生成后，要想改变投影方向或改变剖切面的位置可以进入轮廓编辑工作台，在这个工作台中可以改变剖切面的位置或剖视方向、向视图的投影平面或方向、局部放大视图的位置等。

（1）修改剖视图的定义　改变剖视图的剖切面定义或剖切投影方向的操作方法如下：

1）在剖视图的剖切符号（箭头）上双击鼠标左键，如图 6-60 所示，系统进入轮廓编辑工作台。

　　2）在轮廓编辑工作台中有以下三个工具图标（图6-61）：

　　　：修改剖切面的定义。

　　　：改变剖视投影方向。

　　　：退出轮廓编辑工作台。

　　3）单击　退出轮廓编辑工作台，视图即自动更新。

图　　6-60

图　　6-61

　　（2）修改局部放大视图的定义　修改局部放大视图的操作方法如下：

　　1）在局部放大视图符号（圆圈）上双击鼠标左键，如图6-62所示，系统进入轮廓编辑工作台。

　　2）在轮廓编辑工作台中有以下两个工具图标（图6-63）：

：修改局部放大视图引出的定义，可以重新绘制圆圈，定义引出的位置。

：退出轮廓编辑工作台。

3）单击 退出轮廓编辑工作台，视图即自动更新。

修改向视图的投影平面或投影方向的操作方法与上述操作方法类似。

图　6-62

图　6-63

4. 修改剖视图、局部放大视图和向视图的特性

可以通过修改制图标准来定义剖视图、局部放大视图和向视图的视图表达方式，部分内容也可以通过修改视图的特性来改变。

（1）修改剖视图的视图特性　修改剖视图特性的操作方法如下：

1）在剖视图引出符号（箭头）上单击右键，在快捷菜单中选择 Properties（特性）命令，如图 6-64 所示。

2）在视图特性对话框 Callout（引出标记）选项卡中，可以修改以下剖视图的视图特性（图 6-65）：

① Auxiliary/Section views：修改剖切线的样式，可以用按钮选择四种形式。

② Line thickness：连接线宽（如果有）。

③ Line type：连接线型（如果有）。

④ Extr. thickness：剖切面及转折线宽（可以选择 2：0.35mm）。

⑤ Anchor point：箭头定位，可以选择指向剖切面（head）或离开剖切面（tail）。

⑥ Size not dependent on view scale：选择时，剖切符号的大小不随视图比例变化。

⑦ Arrows length：箭头线长度（可以输入 15～20mm）。

⑧ Head：箭头样式。

⑨ Length：箭头长度（可以输入 3.5～5mm）。

⑩ Angle：箭头角度（可以输入 20°～25°）。

图　6-64

3）单击"OK"，视图特性即修改完成，视图会自动更新。

（2）修改局部放大视图的特性

1）在局部放大视图引出圆圈或箭头上单击右键，在快捷菜单中选择Properties（特性）命令，如图6-66所示。

2）在视图特性对话框中 Callout（引出标记）选项卡中，可以修改局部放大视图的视图特性（图6-67）。

① Detail Views：选择局部引出的三种表达形式。

② Thickness："圆圈线宽（选择1：0.13mm）。

③ type：圆圈线型。

图　6-65

图　6-66

3）单击"OK"，视图特性即修改完成，视图会自动更新。

4）选择引出箭头，在箭头的黄色方块上单击右键，在快捷菜单中还可以选择改变引出符号的不同表达方式，如图 6-68 所示。

向视图引出特性的修改方法与前述类似。

6.2.3　手动绘制工程图

在 CATIA V5 的工程图设计工作台中，既可以利用三维模型自动生成视图，也可以手动绘制每个视图，即使是自动生成的视图，有时也需要进行必要的手动修改或修饰。手动绘制视图的方法与绘制草图有些类似，下面只介绍部分基本功能。

图　6-67

图　6-68

1. 插入新的图纸页及插入新视图

（1）插入新的图纸页　在一个工程图文件中，可以保存多个图纸页。可以把一个产品的所有图样都保存到一个工程图文件中，每个零件（或装配）的图样放在一幅图纸页上。

单击□工具图标，系统会用默认的背景设置自动插入一个默认名为 Sheet.×的新图纸页。新图纸页的默认参数可以在选项中设置，在 Options（选项）对话框中，选择 Mechanical Design（机械设计）>Drafting（草图）中的 Layout（布局）选项卡，设置 Copy background view（是否复制背景视图），如果选择这个复选框，还可以设置 First sheet（复制第一个图纸页的背景视图）或 Other drawing（复制其他图纸的背景视图），如图 6-69 所示。

若选择复制其他图纸的背景视图，在执行插入图纸页命令后会显示图 6-70 所示对话框。在对话框中单击"Browse..."，选择一个工程图文件，选择文件中的背景视图会插入到新的图纸页中。

要修改新图纸页的名称、图幅、比例、投影标准等，可以在树上右键单击图纸页，选择 Properties（特性）命令，在特性对话框中修改这些参数，如图 6-71 所示。

图　6-69

Insert elements into a sheet

E:\文档备份\练习\Drawing3.CATDr..
K:\CATIA\图框标题栏\GB-A4.CATD

Browse...

Sheet:
Sheet.1

File Name: K:\CATIA\图框标题栏\GB-A4.CATDrawing
Sheet: Sheet.1

| Format: | A4 ISO | Paper Width: | 210 mm | Scale: | 1 |
| Orientation: | | Paper Height: | 297 mm | Projection: | |

Insert　　Cancel

图　6-70

Properties

Current selection : Sheet.2/Drawing

Sheet

Name: Sheet.2
Scale: 1:1　=　1

Format
A4 ISO　　　　Display
Width : 297.00 mm
Height : 210.00 mm
○ Portrait
● Landscape

Projection Method
● First angle standard
○ Third angle standard

Generative views positioning mode
● Part bounding box center
○ Part 3D axis

Print Area
☐ Activate　　X:　　　Y:
0.000 mm　　0.000 mm
Width:　　　Height:
100.000　　100.000
apply a format

More...

OK　　Apply　　Close

图　6-71

（2）在图纸页上插入新视图　要在图纸页中插入新视图，先单击插入新视图工具图标，然后在图纸上选择一点作为新视图的插入点，如图 6-72 所示。

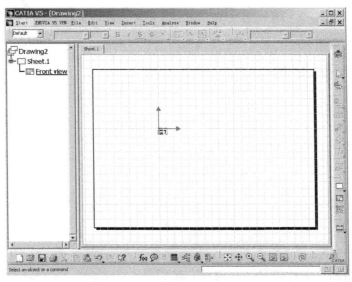

图　6-72

2. 绘制和编辑视图

在视图中可以绘制点、线等几何体，绘制几何体的方法与草图的绘制方法类似。绘制几何体工具栏如图 6-73 所示，这些工具图标的使用方法参见项目 2 中的相关内容。

绘制的几何元素可以进行倒角、圆角、修剪等编辑和修改操作，还可以进行镜像、移动、旋转等变换操作，也可以建立各种几何约束。

编辑修改工具栏如图 6-74 所示。这些工具的使用方法与草图的编辑修改方法类似，可以参见项目 2 中的相关内容。

图　6-73   图　6-74

注：当进行几何约束时，须打开自动建立几何约束和显示工程图中建立的约束符号，使建立的约束有效，并在图中显示约束符号。

3. 建立驱动尺寸

当图形建立后，就可以为图形标注尺寸了。标注尺寸的方法参见 6.3.2 节。通常，标注完成的尺寸需要进行修改，并使修改后的尺寸能驱动几何体随之变化。修改尺寸标注的操作方法如下：

1）双击要修改的尺寸，显示尺寸值对话框，如图 6-75 所示。

2）在对话框中选择 Drive geometry（驱动几何体）复选框，修改尺寸值，如图 6-76 所示。

3）单击"OK"，尺寸标注即被修改，同时几何体的尺寸也随着标注变化。

图 6-75

图 6-76

4．修饰视图

使用修饰命令可以方便地绘制视图中的修饰元素，如中心线、轴线、螺纹符号、剖面线、箭头等。修饰工具栏如图 6-77 所示。

图 6-77

修饰工具栏中，工具图标的功能如下：

1）中心线 ⊕：按默认方向绘制圆或圆弧的中心线。

2）有向中心线 ⊠：按选择的参考方向绘制圆或圆弧的中心线。

3）螺纹符号 ⊕：按默认方向绘制螺纹符号。

4）有向螺纹符号 ⊠：按选择的参考方向绘制螺纹符号。

5）轴线 ▯▮▯：绘制选择的两条线间的中心线或圆柱的轴线。

6）轴线与中心线 ⊠×：绘制两个圆或圆弧的中心连线和中心线。

7）剖面线 ▧：绘制一个封闭区域的剖面线。

8）箭头 ⇐：绘制箭头线。

（1）绘制中心线　单击中心线工具图标 ⊕，选择要绘制中心线的圆或圆弧，即可建立中心线，如图 6-78 所示。选择中心线并拖动手柄，可以改变中心线的长度。要改变中心线中单条线的长度，可在按<Ctrl>键的同时拖动手柄。

（2）按选择的参考方向绘制中心线　单击有向中心线工具图标 ⊠，选择要绘制中心线的圆或圆弧和一条参考线来建立中心线，中心线的方向平行于参考线，如图 6-79 所示。修改中心线长度的方法同上。

（3）绘制螺纹符号　单击螺纹符号工具图标 ⊕，显示工具板，先在工具板中选择标注内螺纹符号 ⊕ 或外螺纹符号 ⊕，再选择要标注的圆，即建立螺纹符号和中心线，如图 6-80 所示。

图 6-78   图 6-79

图 6-80

（4）按选择的参考方向绘制螺纹符号   单击有向螺纹符号工具图标 ，显示工具板，先在工具板中选择标注内螺纹符号 或外螺纹符号 ，再选择要标注的圆和一条方向线，即可按要求的方向建立螺纹符号和中心线，如图 6-81 所示。

图 6-81

（5）绘制轴线   单击轴线工具图标 ，选择两条直线（或轴线的起点和终点），即可在两条线间建立轴线，如图 6-82 所示。选择轴线并拖动手柄可以改变轴线的长度。

（6）绘制轴线与中心线   单击轴线与中心线工具图标 ，选择两个圆或圆弧，即可绘制这两个圆或圆弧的中心连线和中心线，如图 6-83 所示。

图 6-82

（7）绘制剖面线   单击剖面线工具图标 ，显示选择区域对话框，填充剖面线，如图 6-84 所示。双击可以修改剖面线。

图　　6-83

图　　6-84

（8）绘制箭头线　单击箭头工具图标，选择箭头线的起点和终点（或选择两个对象），即可建立箭头线。选择箭头线，右键单击箭头端部的黄色方块，可以为箭头线添加断点、切断箭头线或修改箭头形式；拖动黄色方块可以改变箭头线的长度和方位，如图6-85所示。

图　　6-85

任务6.3　工程图的尺寸标注

【学习目标】

1. 掌握尺寸标注的命令使用方法。
2. 掌握手动标注尺寸的命令及使用方法。

3. 掌握编辑尺寸标注的命令及使用方法。

【工作任务】

1. 会使用尺寸标注工具栏的命令自动生成尺寸标注。
2. 会使用手动标注尺寸工具栏的命令进行手动标注尺寸。
3. 会使用编辑尺寸标注命令对标注尺寸进行编辑修改。

【相关知识】

6.3.1 自动生成尺寸标注

在草图中建立的约束、在三维空间中建立的约束和尺寸标注以及建立的公差等，都可以自动转换标注到工程图中。自动生成尺寸标注时，可以使用过滤器确定自动标注尺寸的类型。是否使用过滤器，可以在选项中设置，在下拉菜单中选择 Tools（工具）>Options（选项），在选项对话框中选择 Mechanical Design（机械设计）>Drafting（草图）>Generation（生成标注）选项卡，Filters before generation 复选框可设置是否使用过滤器，如图 6-86 所示。如果选择 Analysis after generation 复选框，生成尺寸标注后会显示分析对话框。

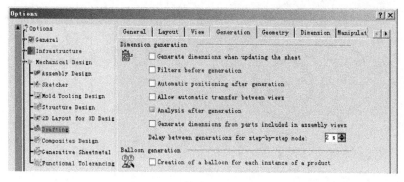

图 6-86

1. 生成尺寸标注

使用生成尺寸标注工具图标 ![icon]，可以一步生成全部的尺寸标注。生成尺寸标注的操作方法如下：

1）单击生成尺寸标注工具图标 ![icon]。

2）如果在选项中设置使用过滤器，会显示图 6-87 所示对话框。在对话框中可以进行以下设置：

① Sketcher constraints：生成草图约束尺寸。

② 3D constraints：生成三维约束尺寸。

③ Assembly constraints：生成装配约束尺寸。

④ Measured constraints：生成测量尺寸。

在 Option（选项）中，还可以选择：

①... associated with un represented elements：生成与视图元素无关的约束尺寸。

② ...with design tolerances：生成设计公差。

3）单击"OK"，即生成尺寸标注（若不使用过滤器，直接生成全部尺寸标注），如图 6-88 所示。

生成的尺寸标注会自动标注在适合的视图上。有时标注的位置可能不满足用户的要求，可以用拖动的方法重新布置各尺寸的位置。有些不能自动生成的尺寸标注，可以用手动的方法生成。

2. 逐步生成尺寸标注

使用逐步生成尺寸命令可以逐个地生成尺寸标注，生成时可以选择标注在不同的视图上，

图　6-87

也可以决定是否生成某个尺寸标注。逐步生成尺寸标注的操作方法如下：

图　6-88

1）单击逐步生成尺寸标注工具图标。

2）如果在选项中设置使用过滤器，会显示过滤器对话框。

3）显示逐步生成尺寸控制板，如图 6-89 所示。控制板中工具图标的作用如下：

▶：生成下一个尺寸标注，每单击一次生成一个尺寸标注。

▶▶｜：一次生成剩余的尺寸标注。

■：停止生成剩余的尺寸标注，退出尺寸标注。

▐▌▌：暂停生成尺寸标注，暂停时可以决定生成的尺寸标注在不同的视图上，或删除生成的尺寸标注。

：删除当前生成的尺寸标注。

：将当前生成的尺寸标注到其他视图上。使用方法是单击这个工具图标，再选择要

标注到的视图的边框，当前尺寸会标注到选择的视图上。

图 6-89

Visualization in 3D：当标注尺寸时，如果同时打开三维零件窗口，会在三维零件上显示当前尺寸。

Timeout：可以设置自动暂停的时间，即在不按 ▶ 时，停留一段时间后会自动生成下一个尺寸标注。

标注时，当前生成的尺寸显示为橘黄色。在尺寸标注的过程中可以调整当前尺寸标注的位置和标注方式。

3. 标注装配图的零件号和生成明细栏

要在图样中标注装配图的零件号和生成明细栏，需要事先在装配设计工作台中完成零件号和明细栏的定义，定义后可以在工程图中自动生成。

（1）生成装配图的零件号　在标注装配图的零件号前，需要在装配设计工作台中定义。装配中的零件是否定义了零件号，可以在装配设计工作台中通过查看部件的特性来确认。在装配设计工作台中右键单击部件，选择 Properties（特性）命令，在部件特性对话框中可以看到部件是否定义了零件号。图 6-90 所示为没有定义零件号，图 6-91 所示为定义了零件号，可能看出，定义了零件号的部件会显示其引用号（Instance Number）。

图 6-90

图 6-91

在装配设计工作台中为部件定义零件号，然后到工程图设计工作台中标注零件号的操作方法如下：

1）从工程图设计工作台转换到装配设计工作台。

2）在装配树上选择根结点装配，单击生成零件号工具图标🔡，显示 Generate Numbering（生成零件号）对话框，如图 6-92 所示。

3）在对话框中选择零件号的标注方式：Integer（数字）或 Letters（字母），单击"OK"，即生成零件号。

4）转换回工程图设计工作台。

5）将要标注零件号的视图置为当前视图，在工具栏中单击 Generate balloons（生成零件号）工具图标🔯。

图 6-92

6）完成自动生成零件号，如图 6-93 所示。

图 6-93

（2）生成明细栏 当在装配设计工作台定义了零件号后，就可以生成明细栏了。可以在装配设计工作台中定义生成明细栏的格式。定义明细栏格式的方法如下：

1) 在装配设计工作台中，选择下拉菜单 Analyze（分析）>Bill Of Material（明细栏）命令，显示明细栏对话框，如图6-94所示。

2) 在对话框中可以查看明细栏的格式。若对当前格式进行修改，可选择下拉列表中已保存的格式，或单击对话框中的"Define formats"（定义格式）按钮，显示定义格式对话框，如图6-95所示。在对话框中可以设置明细栏中要生成的内容和格式。

图 6-94

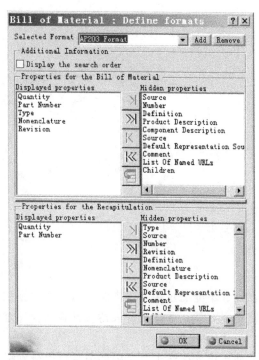

图 6-95

3) 单击"OK"，即完成明细栏格式的定义。返回明细栏对话框，查看明细栏的格式，如果满足用户要求，单击"OK"，即设置完成，退出对话框。

这时就可以在装配图中生成明细栏了。在装配图中生成明细栏的操作方法如下：

1) 在工程图设计工作台中，选择下拉菜单 Edit（编辑）>Background（背景），进入工程图背景层（也称为背景视图）。

2) 在背景层中，单击生成明细栏工具图标🖳。

3) 选择菜单 Window（窗口）>Product1.CATProduct，转换到装配设计工作台。

4) 在装配设计工作台中，选择装配树的根结点装配。

5) 系统自动转换回工程图设计工作台。在工程图设计工作台中选择一点作为明细栏的插入点，即自动生成明细栏，如图6-96所示。

6) 双击生成的明细栏，就可以进行编辑。完成后，选择菜单 Edit（编辑）>Working views（工作视图），退出背景层，返回到工作视图。

6.3.2 手动标注尺寸

在 CATIA V5 中，可以标注各种尺寸和图样上的注释。当有些尺寸不能自动生成，或生

图　6-96

成的尺寸不能满足用户要求时，可以手动标注各种尺寸。在绘图实践中，往往手动标注会更实用、更有效、更能充分表达设计者的设计意图。

1. 标注尺寸

使用尺寸标注工具栏中的命令可以分别标注线性尺寸、连续尺寸、累积尺寸、基点式尺寸、长度（距离）尺寸、角度、半径尺寸、直径尺寸、倒角尺寸、螺纹尺寸、坐标距、孔尺寸表、坐标距表等，如图6-97所示。

图　6-97

标注尺寸时，通常是先执行命令，再选择对象。选择的对象可以是一个对象，也可以是两个对象。标注尺寸的方法与草图中建立尺寸约束的方法类似。

尺寸标注的位置可以由光标拖动尺寸线，再单击一点来确定，也可以由系统自动确定，这取决于选项的设置。要设置选项，可以选择菜单 Tools（工具）>Options（选项），打开选项对话框，在选项对话框中选择 Mechanical Design（机械设计）>Drafting（草图）>Dimension（尺寸标注），如图6-98所示。如果选择 Dimension following the cursor（CTRL toggles）复选框，将由光标拖动尺寸线，单击一点来确定尺寸标注的位置，否则系统自动确定尺寸标注位置，尺寸标注放置的位置取决于默认的尺寸线与几何体间的距离（Default dimension line/geometry distance）的设置。

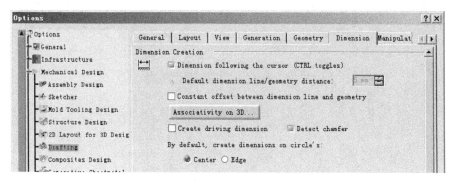

图 6-98

（1）尺寸标注 ⊡ 使用这个命令可以标注线性尺寸、半径（直径）尺寸和角度等，当使用这个命令标注尺寸时，系统会根据用户选择的对象自动判断尺寸标注的类型。它是最常用的尺寸标注命令，标注方法如下：

1）单击尺寸标注工具图标 ⊡。显示尺寸标注工具板，在工具板中可以选择线性尺寸的标注方式，如图 6-99 所示。

图 6-99

① 投影标注 ：用光标拖动确定标注方式。

② 对齐标注 ：与选择的对象对齐标注（默认）。

③ 强制水平标注 ：标注水平尺寸。

④ 强制竖直标注 ：标注竖直尺寸。

⑤ 沿一个选择的方向标注 ：可选择沿选择的方向、垂直于选择的方向、与选择的方向成一个角度。使用这个方式标注时需要先选择一条方向线，再选择被标注的对象。

⑥ 真实尺寸标注 ：只用于轴测图的尺寸标注，标注的是轴测图的真实尺寸。

⑦ 捕捉交点 ：打开后可以在标注尺寸时自动捕捉线的交点。

各种标注方式的结果如图 6-100 所示。

图 6-100

2）选择要标注的对象。若改变标注方式，可单击右键，在快捷菜单中选择标注方式，如图 6-101 所示。

3）选择一点作为尺寸线放置的位置，如图 6-102 所示。

（2）连续标注 ⊞ 使用这个命令时，逐个选择标注点可以连续标注尺寸。标注方法如下：

图　6-101

1）单击连续标注工具图标🔲。

2）依次选择标注点尺寸界线的位置①、②、③…，如图6-103所示。

3）单击选择一点，确定尺寸线的位置，如图6-104所示。

（3）累积尺寸标注🔲　使用这个命令可以标注累积尺寸，就是累加各段尺寸，如图6-105所示。

图　6-102

图　6-103

图　6-104

（4）基点式标注🔲　当从一个基准出发，标注多个线性尺寸时，可以使用这个命令。基点式标注的操作方法如下：

1）单击基点式标注工具图标🔲。

2）选择标注基点B，再依次选择尺寸标注对象①、②、③、④，如图6-106所示。

3）单击选择一点，确定第一条尺寸线的位置，如图6-107所示。

（5）长度（距离）尺寸🔲　执行这个命令可以标注长度或距离等线性尺寸。选择对象时，可以选择一个对象，标注这个对象的长度；

图　6-105

也可以选择两个对象，标注这两个对象间的距离。标注方式可以在工具板中选择对齐、水平、竖直等形式。

图 6-106

图 6-107

（6）角度 执行这个命令可以标注两条线之间的角度。标注时需要选择两条线，标注的位置可以用光标拖动来确定。

（7）半径尺寸 可以用这个命令来标注圆或圆弧的半径尺寸。标注时先选择被标注的圆或圆弧，再选择标注的位置即可。标注后尺寸文字前会自动标注 R 字样。

（8）直径尺寸 可以用这个命令来标注圆或圆弧的直径尺寸。标注时先选择被标注的圆或圆弧，再选择标注的位置即可。标注后尺寸文字前会自动标注 φ 字样。

（9）倒角尺寸 用这个命令标注倒角时，会显示一个工具板，在工具板中有四种标注方式（长度×长度、长度×角度、角度×长度、长度）和两种标注选项（ 单箭头、 双箭头）。标注时可以一次选择三个对象，也可以分别选择三个对象。操作方法如下：

1）单击倒角尺寸工具图标，在工具板中选择标注方式，这里选择长度×角度方式（Length×Angle）和双箭头选项。

2）选择倒角线。选择时光标上显示图标 213 或 312 后单击鼠标，这样就一次选择了三个对象，也可以先选择倒角线，再选择两条被倒角线，如图 6-108 所示。

3）选择倒角尺寸标注的位置，完成倒角尺寸标注，如图 6-109 所示。

图 6-108

图 6-109

2. 标注尺寸公差

手动标注尺寸公差时，可以在尺寸特性和数字特性工具栏中标注，或用右键快捷菜单中的特性命令在尺寸特性中标注尺寸公差。尺寸特性和数字特性工具栏如图 6-110 所示。

图　6-110

（1）尺寸文字　尺寸文字有四种标注方法：

：与尺寸线对齐标注。

：尺寸文字水平标注（半径或直径标注）。

：引出对齐标注。

：引出水平标注。

（2）公差格式　选择尺寸公差的标注格式，系统预定义的公差格式见表 6-1，可以根据制图标准选择适合的格式。

表 6-1　预定义公差格式

名称	图例	说明	名称	图例	说明
TOL_NUM2	$38.1^{+0.15}_{-0.1}$	上、下极限偏差（小字）	TOL_1.0	$38.1^{+0.15}_{-0.1}$	上、下极限偏差（大字）
ANS_NUM2	$38.1^{+0.150}_{-0.100}$	上、下极限偏差，保留尾零（大字）	ISONUM	$38.1\binom{+0.150}{-0.100}$	上、下极限偏差，带括号保留尾零（小字）
DIN_NUM2	$38.1^{+0.15}_{-0.1}$	上、下极限偏差（小字）	ISOALPH1	$38.1H6$	配合符号（大字）
SGL_NUM2	$38.1\binom{+0.150}{-0.100}$	上、下极限偏差，带括号保留尾零（小字）	ISOALPH2	38.1^{H6}_{g6}	孔/轴配合符号（小字）
INC_NUM2	$38.1^{+0.15}_{-0.1}$	上、下极限偏差（大字）	CPL_FLA1	$38.1H6$	配合符号（大字）
TOL_RES2	$\frac{38.25}{38}$	极限尺寸	CPL_FLA3	38.1^{H6}_{g6}	孔/轴配合符号（大字）
TOL_ALP1	$38.1H6$	配合符号（大字）	CPL_50A1	$38.1H6$	配合符号（小字）
TOL_ALP2	$38.1H6/g6$	孔/轴配合符号（大字）	CPL_50A3	38.1^{H6}_{g6}	孔/轴配合符号（小字）
TOL_ALP3	38.1^{H6}_{g6}	孔/轴配合符号（小字）	CPL_75A1	$38.1H6$	配合符号（中字）
TOL_0.7	$38.1^{+0.15}_{-0.1}$	上、下极限偏差（小字）			

（3）公差值 在这个文本框中可以输入公差值。输入的方法是在上、下极限偏差值之间用斜杠（／）分割，例如：上极限偏差为＋0.025，下极限偏差为－0.012时，输入"0.025/-0.012"；若上、下极限偏差为±0.012，则输入"0.012/-0.012"。

（4）数字格式 用这个下拉列表可以选择尺寸数字的单位制和格式。预定义数字格式见表6-2。

表6-2 预定义数字格式

长度名称	图例	说明	角度名称	图例	说明
NUM. DIMM	38.1	毫米，用小数点	NUM. ADMS	20°29′45.6″	度／分／秒，用小数点
NUM，DIMM	38.1	毫米，用逗号	NUM，ADMS	20°29′45.6″	度／分／秒，用逗号
NUM. DINC	1.500	英寸，有尾零	INC. ADMS	20°29′45.600″	度／分／秒，用小数点、有尾零
NUM. DIMP	1.5″	英寸，有单位	NUM. ARAD	0.358	弧度
ANS. DIMM	38.100	毫米，有尾零	ANGLEDEC	20.496°	十进制角度
DISTMM	38.1	毫米，用小数点	ANGLEDMS	20°29′45.6″	度／分／秒，用小数点
DISTINC	1.5″	英寸，有单位	Grade	0.358	百分度
FEET-INC	1′2″	英尺／英寸			

（5）数字精度 用这个文本框可以选择尺寸数字保留小数的位数（默认保留两位小数），也可以输入数字，舍弃的小数位采用四舍五入的方法进位。

标注尺寸公差的操作方法如下：

1）选择要标注公差的尺寸。

2）在尺寸特性工具栏中，选择标注公差的格式。

3）在公差值文本框中单击鼠标，输入"+0.025/-0.012"，然后按<Enter>键。

4）选择数字格式，这里选择 NUM. DIMM。

5）选择数字精度，这里选择保留3位小数（0.001），如图6-111所示。

标注尺寸公差也可以用尺寸特性对话框。右键单击要标注公差的尺寸，在快捷菜单中选择特性（Properties）命令，打开特性对话框，在对话框中可以编辑尺寸的特性，如图6-112所示。

图　6-111

图　6-112

（1）Value（尺寸值特性）　在这个
选项卡中，可以修改 Value Orientation
（尺寸数字的方位）、Dual Value（双值尺
寸）、Format（数字格式）、Fake Dimen-
sion（替代数字）。

（2）Tolerance（尺寸公差）　在这个
选项卡中，可以选择公差的格式和输入
上、下极限偏差，如图 6-113 所示。

需要说明的是，在三维模型设计时，
尺寸约束中应尽量采用设计公差，这些

图　6-113

设计公差在数控加工和装配时都很有用，并且设计公差还可以在工程图标注中自动生成。

3. 标注几何公差和基准符号

在工程图设计工作台中可以标注几何公差（Geometrical Tolerance）和基准符号（Datum Feature）。

（1）标注几何公差 标注几何公差时，先选择标注的位置，再设置标注的公差类型和公差值，操作方法如下：

1）单击几何公差工具图标 ▧。

2）选择要标注公差的对象。

3）移动鼠标，光标上会显示标注几何公差预览，按住<Shift>键时移动鼠标，标注线会自动正交。单击一点，选择公差标注的位置，同时显示 Geometrical Tolerance（几何公差）对话框，如图 6-114 所示。

4）定义几何公差对话框。

① 单击图标 ▣，选择几何公差类型（公差类型见表 6-3）。

② 在 Tolerance（公差）文本框中输入公差值，公差值前若需要使用符号，单击图标 ⌀ 选择并插入符号。

③ 在 Reference（基准）文本框中输入基准代号。

④ 单击图标 ⬇ 可定义下一个几何公差，方法同上。

图 6-114

表 6-3 几何公差类型

符号	几何公差	符号	几何公差	符号	几何公差
⌀⊥≡	无	⌒	线轮廓度	⊕	位置度
—	直线度	⌓	面轮廓度	◎	同轴度
▱	平面度	∠	斜 度	≡	对称度
○	圆 度	⊥	垂直度	↗	圆跳动
⌭	圆柱度	//	平行度	⌰	全跳动

5）单击"OK"，完成几何公差标注，如图 6-115 所示。

图　6-115

几何公差标注完成后，若要修改标注，在几何公差标注上双击鼠标左键，就可以重新定义几何公差。

（2）标注基准符号　基准符号的标注方法如下：

1）单击基准符号（Datum Feature）工具图标 Ⓐ。

2）单击选择要标注位置处的对象。

3）移动光标，选择符号标注的位置。

4）在基准符号对话框中输入基准代号（注意要与几何公差引用的基准代号一致），如图 6-116 所示。

4. 标注表面粗糙度和焊接符号

（1）标注表面粗糙度　标注表面粗糙度的操作方法如下：

1）单击表面粗糙度工具图标 ✓⟋。

2）选择标注位置处的对象。

3）在表面粗糙度对话框中定义表面粗糙度标注的参数，输入表面粗糙度值，选择去除表面状态，如图 6-117 所示。

图　6-116

① ∨：满足表面粗糙度要求，是否去除表面均可。

② ▽：去除表面。

③ ▽：不去除表面。

4）单击 ⮂，可以翻转标注方向。单击"OK"，即完成标注，如图 6-118 所示。

（2）标注焊接符号　使用这个命令可以在图样中有焊缝的位置标注焊接符号，并按标准标注焊接工艺和技术要求。操作方法如下：

图　6-117

图　6-118

1）单击焊接符号工具图标 ⩗。

2）选择要标注的焊缝对象，显示 Welding creation（建立焊接）对话框。

3）在对话框中定义焊接工艺要求和技术要求。

4）单击"OK"，即完成标注，如图6-119所示。

（3）焊缝标记　使用这个命令可以在有焊缝处画出焊缝标记。操作方法如下：

1）单击焊缝标记工具图标 ⌐。

图　6-119

2）选择被焊接的两个对象，显示 Welding Editor（焊缝标记编辑器）对话框。

3）在对话框中输入焊缝标记的尺寸，选择堆焊的形状。

4）单击"OK"，即完成标注，如图6-120所示。

5. 在图样上标注文字

使用文本标注工具栏中的命令可以在图样上标注各种文字，文字的属性可以与实体对象链接，也可以建立文本模板和替换文字。这里只介绍标注文字的基本功能。

（1）标注文字 标注文字的基本操作方法如下：

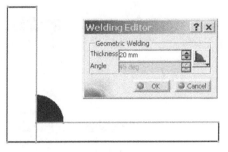

图 6-120

1）单击文字工具图标 **T**。

2）在视图上单击一点，选择插入文字的位置，显示文本编辑器对话框。

3）在对话框中输入文字，输入文字的字体、字高、格式和特殊符号等可以在文字特性对话框中设置。

① 文字的字体：可以选择矢量字或 True type 字体（中文矢量字体名是 SICH）。

② 文字的字高：可以选择 3.5 mm、5 mm、7 mm 或 10mm。

③ 特殊符号：单击，选择要插入的特殊符号。

还可以选择对齐方式、修饰等。

4）右键单击文字，还可以定义文字方位关联的实体对象。

5）单击"OK"，即建立文字，如图 6-121 所示。

图 6-121

（2）标注引线文字 标注引线文字的操作方法如下：

1）单击引线文字工具图标。

2）选择标注引出的对象，显示 Text Editor（文本编辑器）对话框。

3）可以在文字特性工具栏中选择字体、字高、格式等，在文本编辑器中输入文字。右键单击文字，可以定义文字方位关联的实体对象。

4）单击"OK"，即建立引线文字，如图 6-122 所示。

（3）标注零件编号 装配中的零件

图 6-122

296

编号可以自动生成，也可以手动标注。手动标注的方法如下：

1）单击编号工具图标 。

2）选择要标注的对象。

3）选择编号标注的位置，显示编号对话框，在文本框中输入编号数字或字母。

4）单击"OK"，即建立编号，如图6-123所示。

图 6-123

6.3.3 编辑尺寸标注

尺寸标注完成后，经常需要重新布置尺寸标注的位置、修改标注的内容和尺寸标注元素的大小等，尺寸标注元素如图6-124所示。尺寸标注元素的大小及标注方式要遵循国家标准。

图 6-124

按现行国家标准，各尺寸标注元素的大小如下：

1）箭头（Symbols）：实心箭头，长度3.5~5mm，角度20°~25°。

2）文字（Text）：字体可以选择矢量字或ttf字体（例如：SICH、FangSong_GB2312），字高3.5mm或5mm。

3）尺寸线（Dimension line）：在文字下方。

4）尺寸界线超出量（Overrun）：2~5mm。

5）尺寸界线间隙（Blanking）：机械图通常取0mm。

1. 尺寸干涉分析

所谓尺寸干涉，就是指尺寸线与其他的尺寸界线发生了交叉，这种交叉是不允许的，系统可以自动检测这种尺寸干涉并纠正它们。干涉分析的操作方法如下：

1）单击尺寸分析工具图标 ，或选择菜单Tools（工具）>Analysis（分析）>Dimension Analysis（尺寸分析），显示Analyze（干涉分析）对话框，对话框中显示有尺寸干涉的数目。

2）单击向前 ▶ 或向后 ◀ 搜索按钮，屏幕上会显示发生尺寸干涉的部位，并用圆圈表示干涉的位置，如图6-125所示。

3）拖动干涉的尺寸使其不发生干涉，单击更新纠正干涉，如图 6-126 所示。再搜索下一个干涉并纠正。

图　6-125

图　6-126

2. 手动修改或调整尺寸标注元素

当一张工程图并不是非常复杂，尺寸标注不是太多时，用手动的方法来调整尺寸标注的布局会更加方便实用。移动尺寸线、尺寸文字，调整尺寸界线超出量、尺寸界线间隙等，都可以用拖动的方法来实现。在拖动修改前，要打开拖动手柄，打开拖动手柄的方法是：选择菜单 Tools（工具）>Options（选项），在选项对话框中选择 Mechanical Design（机械设计）>Drafting（草图），打开 Manipulators（拖动手柄）选项卡，如图 6-127 所示。

图　6-127

1）选择 Modify overrun 后面的 Modification 复选框，可以修改尺寸界线的超出量。

2）选择 Modify blanking 后面的 Modification 复选框，可以修改尺寸界线的间隙。

3）选择 Insert text before 后面的 Modification 复选框，可以为尺寸文字插入前缀。

4）选择 Insert text after 后面的 Modification 复选框，可以为尺寸文字插入后缀。

5）选择 Move value 后面的 Modification 复选框，可以沿尺寸线移动尺寸文字。

6）选择 Move dimension line 后面的 Modification 复选框，可以沿垂直方向移动尺寸线。

7）选择 Move dimension line secondary part 后面的 Modification 复选框，可以沿另一方向移动尺寸线。

（1）移动尺寸标注 可以直接拖动尺寸线来移动尺寸线的位置。拖动尺寸文字，可以移动尺寸文字的位置，可以将其移动到尺寸线的外侧或中间。单击箭头，可以改变箭头的指向（向内或向外），如图 6-128 和图 6-129 所示。

图 6-128

图 6-129

修改尺寸界线的超出量或间隙时，要使用拖动手柄（选择时图中显示的小方块）。使用拖动手柄的操作方法如下：

1）单击选择要编辑的尺寸。

2）拖动尺寸界线超出量（或间隙）手柄，改变超出量（或间隙）。拖动时，两个尺寸界线的超出量（或间隙）是同时改变的，要改变单个元素，可以在按<Ctrl>键的同时拖动手柄。要精确定义超出量（或间隙），可双击手柄，在文本框中输入数字后单击"OK"，如图 6-130 和图 6-131 所示。

图 6-130

图 6-131

（2）修改尺寸的特性 右键单击要修改的尺寸，在快捷菜单中选择 Properties（特性）命令，打开尺寸特性对话框，在尺寸特性对话框中可以修改尺寸的各项特性。

要使用替代尺寸，可在尺寸特性对话框中选择 Value（尺寸值）选项卡，选择 Fake Dimension（替代尺寸）复选框，输入替代尺寸。选择 Numerical，输入数字型尺寸值，选择 Alphanumerical，输入数字和字母混合值。如图 6-132 所示，将设计尺寸 48mm 改为替代尺寸 52mm。替代尺寸是非关联尺寸。

（3）添加尺寸文字的前缀和后缀 当打开尺寸文字前面或后面的手柄（红色三角形）后，就可以单击这个手柄来添加尺寸文字的前缀或后缀，添加的方法如下：

1）选择要修改的尺寸标注。

图   6-132

2）单击尺寸文字前面或后面的红色三角形，显示插入文字对话框。

3）在对话框中输入要插入的前缀或后缀。

4）单击"OK"，即插入了前缀或后缀，如图6-133和图6-134所示。

图   6-133   图   6-134

3. 使用工程图辅助工具

在工程图设计工作台中，使用辅助工具可以帮助用户设置栅格捕捉和绘图元素的显示模式，这些辅助工具如图6-135所示。

这些工具的功能如下：

1）▦：栅格显示工具，单击显示或关闭

图   6-135

栅格显示。

2）▦：栅格捕捉工具，单击打开或关闭栅格捕捉。

3）▦：尺寸类型分析模式，打开时，不同方式生成的尺寸用不同的颜色显示。例如，自动生成用绿色显示，手动标注用黑色显示，非关联尺寸用品红色显示等。显示的颜色可以在选项中设置，如图6-136所示。

4）▦：显示工程图中建立的约束符号。

5）▦：绘图时自动建立几何约束。

6）▦：过滤生成的元素，打开时，自动生成的图形元素用灰色显示，手动绘制的图形元素用黑色显示。

图　6-136

7)　🔳：尺寸系统显示模式。一次标注的多个尺寸（如连续尺寸或基点式尺寸等）称为尺寸系统，一个尺寸系统可以看作是一个整体，也可以视为单一的尺寸集合。

任务6.4　图样的定稿和打印输出

【学习目标】

1. 掌握检查图样与3D零件的关联性。
2. 掌握图框及标题栏的添加方法。
3. 掌握打印输出图样的方法与步骤。

【工作任务】

1. 会检查图样并使用更新工具对图样进行更新。
2. 会添加图框及标题栏。
3. 会设置并打印图样。

【相关知识】

工程图完成后就可以准备打印输出了，在打印输出前要检查图样与三维视图的一致性。也就是说要检查图样完成后，三维零件是否更改过，如果有更改，则工程图需要更新。同时，在工程图中还需要插入图框、标题栏和技术要求等。

6.4.1　检查图样与3D零件的关联性和更新图样

打印图样前要注意观察更新工具图标⊙是否加亮，如果加亮说明三维模型有过修改，这时单击更新工具图标⊙，就可以自动更新工程图，反映图样的最新更改。当工程图与三维模型间的关联性发生变化时，图样树上也会有不同的显示标记，部分标记图标如下：

1）正常视图标记：工程图与三维模型链接正确。

2）需要更新标记：三维模型更改，工程图需要更新。

3）链接错误标记：工程图与三维模型失去链接，这可能是由于三维零件（或产品）改名、删除或移动了文件夹等。

要查看工程图与三维模型文件的关联性，选择下拉菜单 Edit（编辑）>Links（链接），显示图 6-137 所示对话框，在对话框中选择 Pointed documents 选项卡，可以查看文件的链接情况。使用对话框右侧的按钮，可以对三维模型文件进行 Load（加载）、Open（打开）、Find（查找）或 Replace（替换）操作。

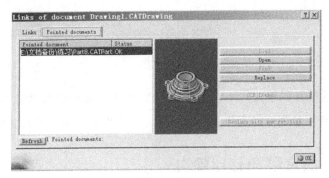

图　6-137

6.4.2　添加图框和标题栏

在工程图中插入图框和标题栏时，要插入到背景图层上。进入背景层的方法是选择下拉菜单 Edit（编辑）>Sheet Background（背景），将背景层置为当前层。下面介绍插入图框和标题栏常用的几种方法。

1. 绘制图框和标题栏

在背景图层上，用绘图命令绘制出要求的图框和标题栏。用这种方法绘制图框和标题栏的效率较低，并且也不实用，通常只用于首次绘制图框和标题栏。

2. 用建立图框命令插入图框和标题栏

用建立图框命令插入图框和标题栏的操作方法如下：

1）在背景图层上，单击建立图框工具图标▭，显示插入图框和标题栏对话框。

2）在对话框中选择已有的标题栏样式，如图 6-138 所示。

3）单击"OK"，即插入选择的图框和标题栏，如图 6-139 所示。

在插入图框和标题栏对话框的列表中，会显示已定义的图框和标题栏，还可以自定义图框和标题栏。

要自定义图框和标题栏，需要用 Visual Basic 语言编写图框和标题栏的宏程序，宏程序的文件扩展名用 .CATScript（例如：标题栏 .CATSpript）。同时还可以保存一个预览图，预览图的文件名与宏程序相同，图片格式可以是位图或其他格式的图片（例如：标题栏 .bmp 或标题栏 .jpg）。建立的文件要保存到 CATIA 的标题栏文件夹中，文件夹的位置可以在选项对话框中设置，默认文件夹是：安装盘 \Dassault Systemes\ B14 \intel_a \VBScript \FrameTitleBlock。这时，在插入图框和标题栏对话框中就可以选择自定义的图框和标题栏，并插入到图样上。

图 6-138

图 6-139

3. 复制已有图样中的图框和标题栏

可以把已有图样背景层上的内容复制到当前的图纸页中，这样就可以重复利用已经建立的图框和标题栏，这是一个较简单实用的方法。复制已有图样文件的背景层中内容的操作方法如下：

1）单击 File（文件）菜单，选择 Page Setup（页面设置），显示页面设置对话框，如图 6-140 所示。

2）在对话框中单击 "Insert Background View"（插入背景视图按钮），显示插入对象对话框，如图 6-141 所示。

图　6-140

图　6-141

3）在插入对象对话框中单击"Browse"（浏览）按钮，会显示打开文件对话框，在打开文件对话框中选择有背景视图的工程图文件，单击"Open"（打开）。

4）返回插入对象对话框，在对话框中可以看到要插入的背景视图的预览，单击"Insert"（插入），再单击"OK"，即插入图框和标题栏，如图6-142所示。

图　6-142

插入背景视图后，就可以进入背景层，对图框和标题栏进行必要的修改，完成工程图的图框和标题栏等。

6.4.3 打印输出图样

图样完成后就可以打印输出了，打印输出时，选择 File（文件）菜单中的 Print（打印），显示打印对话框，如图 6-143 所示。

图 6-143

在打印对话框中，可以设置以下参数：

1) Printers（打印机）：可以选择已经安装的打印机，也可以选择 Print to File（打印到文件）。

2) Layout（布局）：可以设置打印方向、工程图的打印比例与打印纸的匹配性。No Fitting——不匹配；Fit in Page——自动计算打印比例使工程图充满打印纸；Fit to——用户确定打印比例。在 Scale（比例）文本框中输入比例（按百分数）。下面的文本框中可以输入图样的原点位置、宽度和高度。

3) Origin（对齐原点）：单击会使工程图的原点（左下角）与打印纸原点对齐（左下角）。

4) Center（中心对齐）：单击会使工程图中心与打印纸的中心对齐。

5) Print Area（打印范围）：可以选择 Whole Document（打印全部）、Display（打印显示区）和 Selection（打印选择区）。使用选择区时，单击 会隐藏对话框，在图中单击两点，选择一个矩形区域。

6) Copies（打印份数）：输入要打印的份数。

7) Tiling（拼图）：当工程图幅面较大而打印机的可打印幅面较小时，可以打印多个部分拼接起来形成一张完整的图样。拼图时选择 Tiling（拼图）复选框，单击"Define"，定义拼图方案。

8) Page Setup（打印页面设置）：设置打印纸尺寸和页边距，如图 6-144 所示，单击"Reset to Printer Default"，打印纸尺寸和页边距自动设置为打印机的默认值。

9) Options（打印选项）：可以对 Color（彩色打印）、Banner（标题）和 Various（打印的样式）进行设置，如图 6-145 所示。

图　6-144

图　6-145

10）Preview（预览）：单击预览，显示图6-146所示预览窗口，可以查看打印效果。

图　6-146

任务6.5　工程图标注综合实例

【学习目标】

1. 掌握绘制工程图的方法与步骤。

2. 掌握工程图绘制工具、视图的操作和编辑功能。

【工作任务】

1. 通过实例了解绘制工程图的方法与步骤。

2. 会对工程各种参数进行设置，会管理工程图和图幅。

3. 会使用各种标注方法标注工程图。

【实例概述】

　　本实例是一个简单零件的工程图标注实例，主要运用了尺寸的标注、注释的标注、基准的标注、几何公差和表面粗糙度的标注以及对这些标注进行编辑和修改等知识。通过本实例的练习，读者可以学到对工程图进行多种标注的一般过程以及掌握一些标注的技巧。实例完成的效果图如图 6-147 所示。下面详细介绍具体的操作步骤。

图　6-147

　　（1）进入工程图环境

　　1）启动 CATIA V5R21 软件。依次在 Windows 系统中选择 "开始" > "程序" > "CATIA" > "CATIA V5R21" 命令，启动 CATIA V5R21 软件。

　　2）新建文件。在菜单栏选中 File（文件）>New（新建），系统弹出 New（新建）对话框，选择 Drawing 文件，单击 "OK"，弹出 New Drawing（新建工程图）对话框，选择 Sheet Style（图纸样式），单击 "OK"，即进入工程图环境。

　　（2）建立视图

　　1）建立主视图。单击 View（视图）工具栏中的 Front View（主视图）工具图标，然后返回到 Part 文件中选择主视图方向平面，在工程图环境中，利用视图转盘调整角度与位置关系，如图 6-148 所示。

　　2）建立左视图。单击 View（视图）工具栏中的 Front View（主视图）工具图标下角标，选取 Projection View（投影试图）工具图标，完成左视图的建立，如图 6-149 所示。

　　3）建立剖视图。单击 View（视图）工具栏中的 Offset Section View（剖视图）工具图标，建立如图 6-150 所示剖切线，选取剖切平面。双击左键结束选择，建立剖视图，如图 6-151 所示。

图　6-148

图　6-149

图　6-150

4）建立局部视图。单击 View（视图）工具栏中的 Breakout View（局部视图）工具图标，框选出局部视图，在 3D Viewer（3D 查看器）对话框中，单击"OK"，即生成局部视图，如图 6-152 所示。

图　6-151

（3）创建中心线及轴线　单击 Dress-up（修饰）工具栏中的 Center Line（中心线）工具图标 ⊕ 和 Axis Line（轴线）工具图标 ▯▯，建立中心线及轴线，完成后如图 6-153 所示。

（4）标注尺寸　单击 Dimensioning（尺寸标注）工具栏中的 Dimensions（标注尺寸）工具图标 ▭，系统弹出 Dimensions（标注尺寸）工具板。利用尺寸标注工具选取合适的位置，标注出所需基本尺寸。

图　6-152

图　6-153

1）在主视图中标注角度、长度尺寸和半径尺寸，如图 6-154 所示。

2）在主视图中标注直径尺寸、圆角半径尺寸和圆心定位尺寸，如图 6-155 所示。

3）在剖视图中标注出长度尺寸"80"和孔径尺寸"φ12"，如图 6-156 所示。

图 6-154

图 6-155

图 6-156

4）标注长度"80"的公差尺寸。单击长度"80"的尺寸数字，在 Dimension Properties（尺寸属性）对话框（图 6-157）中更改公差属性，选择大小合适的公差数字，添加上、下极限偏差。或在 Properties（属性）对话框（图 6-158）中选择 Dimension Texts（尺寸文本）

图 6-157

选项卡，更改符号和数字，即完成公差尺寸标注，如图 6-159 所示。

（5）标注表面粗糙度

1）单击 Roughness Symbol（表面粗糙度符号）工具图标 $\sqrt{}$。

2）单击要添加的表面，弹出 Roughness Symbol（表面粗糙度符号）对话框，选择合适的符号与数值。单击"OK"，即完成表面粗糙度的标注，如图 6-160 所示。

（6）标注几何公差　单击工具栏中的 Geometrical Tolerance（几何公差）工具图标，在 Geometrical Tolerance（几何公差）对话框中选择合适的符号和数值。单击"OK"，即完成几何公差的标注，如图 6-161 所示。

图　6-158

图　6-159

图　6-160

（7）添加轴测图 单击工具栏中的 Front View（主视图）工具图标 下角标，选取 Isometric View（等轴测视图）工具图标 。返回到 Part 窗口，选取一张 3D 视角图，调整视角并添加到工程图中，如图 6-162 所示。

图 6-161

（8）添加工程图背景标题栏 单击菜单栏中的 File（文件），选择 Page Set up（页面设置），单击 Insert Background View...（插入背景），弹出 Insert elements into a sheet（将元素插入图纸）对话框（图 6-163），选取想要添加的背景，单击"Insert"（插入），即完成工程图，如图 6-164 所示。

图 6-162

Insert elements into a sheet

C:\Users\ASUS\Desktop\图\fanli(1)
C:\Users\ASUS\Desktop\图框和标题

Browse...

Sheet:
Sheet.1

File Name: C:\Users\ASUS\Desktop\图框和标题栏\背景图框标题栏\GB-A3.CATDrawing
Sheet: Sheet.1

Format: A3 ISO   Paper Width: 297.000 mm   Scale: 1
Orientation: A   Paper Height: 420.000 mm   Projection:

Insert   Cancel

图 6-163

技术要求：

1.
2.
3.
4.

图　6-164

参 考 文 献

［1］　张学文．CATIA 三维机械设计与工程制图 ［M］．北京：机械工业出版社，2015．

［2］　刘宏新．CATIA 曲面设计基础与工程实践 ［M］．北京：机械工业出版社，2015．

［3］　高长银．CATIA V5 R21 中文版数控加工高手必备 118 招 ［M］．北京：电子工业出版社，2014．